"十三五"普通高等教育规划教材

Altium Designer 电路设计基础与进阶教程

张孝冬 廖建军 编著

机械工业出版社

本书以 Altium Designer 10 为平台，系统地讲述了 Altium Designer PCB 设计的流程和技巧，同时提供了范例的操作步骤和设计思路，并将知识讲解融于实际操作之中，学以致用，提升技能。

本书共有 12 章，第 1～6 章为基础篇，主要针对初学者，通过学习了解掌握 Altium Designer PCB 制板工艺流程，内容包括：Altium Designer 电路设计基本流程、元器件封装设计、原理图设计基础、PCB 设计基础、PCB 设计规则设置基础及电路设计基础实例。第 7～12 章为进阶篇，主要针对有电路设计经验人群和有进一步提高需求的专业人才，内容包括：原理图设计进阶、PCB 设计进阶、电路设计进阶实例及 PCB 的制作及其工艺流程等。

本书可以作为 Altium Designer 的入门及提高教材，也可以作为从事电路设计和相关行业工程技术人员及各院校相关专业师生的学习参考书。

图书在版编目（CIP）数据

Altium Designer 电路设计基础与进阶教程 / 张孝冬，廖建军编著.
—北京：机械工业出版社，2018.10（2025.1 重印）
"十三五"普通高等教育规划教材
ISBN 978-7-111-61781-5

Ⅰ．①A… Ⅱ．①张… ②廖… Ⅲ．①印刷电路—计算机辅助设计—应用软件—高等学校—教材 Ⅳ．①TN410.2

中国版本图书馆 CIP 数据核字（2019）第 030445 号

机械工业出版社（北京市百万庄大街 22 号　邮政编码 100037）
策划编辑：尚　晨　责任编辑：尚　晨
责任校对：张艳霞　责任印制：张　博

北京建宏印刷有限公司印刷

2025 年 1 月第 1 版·第 4 次印刷
184mm×260mm·13.75 印张·331 千字
标准书号：ISBN 978-7-111-61781-5
定价：45.00 元

凡购本书，如有缺页、倒页、脱页，由本社发行部调换

电话服务	网络服务
服务咨询热线：（010）88379833	机　工　官　网：www.cmpbook.com
读者购书热线：（010）88379649	机　工　官　博：weibo.com/cmp1952
	教育服务网：www.cmpedu.com
封面无防伪标均为盗版	金　书　网：www.golden-book.com

前　言

随着电子科技的迅速发展，电子线路板的设计越来越受到关注，电子设计自动化软件也一直在电路设计过程中扮演重要角色。Altium Designer 软件是后继 Protel 系列软件的新产品，其对于高复杂度、高密度和信号高速度的设计要求都能满足。

本书是在参考大量同类书籍的基础上，结合一线教学经验和实际工程实践，进行了综合总结。本书以使用 Altium Designer 软件为初级目的，以深化电路设计知识为终级目的，以培养学生就业能力为终极目的，引导读者入门和提高。

本书共 12 章：第 1 章主要介绍了 Altium Designer 软件的基本信息；第 2 章介绍了 Altium Designer 设计的基本流程；第 3 章介绍了元器件封装技巧；第 4 章和第 5 章介绍了原理图、PCB 设计的流程；第 6 章介绍了 PCB 设计规则；第 7 章用单片机恒电位模块详细讲述设计流程；第 8 章讲述安全操作规范；第 9 章讲述 PCB 设计规范；第 10 章用 12 层板电路讲述多层板的设计过程；第 11 章讲述电源和地的一些知识；第 12 章主要介绍了 PCB 的制作过程及其细节问题；附录中提供了历年期末考试的上机模拟习题。

本书由海南大学张孝冬、廖建军共同编写完成。其中 1~6 章由廖建军编写，第 7~12 章由张孝冬编写，学生王晓宇、耿亮提供了极大的帮助，由于软件自身原因，书中部分元器件符号不能采用国标表示，故在附录中提供了常用元器件附号对照表以便读者阅读。本书在编写的过程中也得到了机械工业出版社的大力支持，在此表示衷心感谢！由于时间仓促，作者水平有限，书中错误和不妥之处在所难免，欢迎广大读者批评指正。

编　者
2018 年 6 月

目　录

前言
第1章　Altium Designer 概述 ... 1
1.1　Altium Designer 的发展史 ... 1
1.2　Altium Designer 的功能及特点 ... 1
1.3　Altium Designer 的配置要求 ... 2
1.3.1　基本配置要求 ... 2
1.3.2　基本参数设置 ... 2
1.4　Altium Designer 的安装和认证 ... 5
1.5　原理图编辑器基础 ... 7
1.5.1　工作面板管理 ... 8
1.5.2　窗口管理 ... 10

第2章　Altium Designer 电路设计的基本流程 ... 13
2.1　文件系统 ... 13
2.2　新建一个 PCB 工程 ... 13
2.3　绘制原理图 ... 15
2.4　绘制 PCB 图 ... 20

第3章　元器件封装设计 ... 26
3.1　元件库的介绍 ... 26
3.1.1　元件库的加载与卸载 ... 26
3.1.2　查找元件 ... 29
3.2　原理图库文件设计 ... 31
3.2.1　新建与打开元器件原理图库文件 ... 31
3.2.2　熟悉元器件原理图库编辑环境 ... 32
3.3　PCB 库文件设计 ... 40
3.3.1　Altium Designer 的 PCB 封装库编辑环境 ... 40
3.3.2　新建与打开元器件 PCB 封装库文件 ... 40
3.3.3　熟悉元件 PCB 封装模型编辑环境 ... 40
3.4　制作集成库 ... 42
3.4.1　利用 IPC 元件封装向导绘制 DSP 封装 ... 42
3.4.2　利用元件封装向导绘制封装模型 ... 50
3.4.3　元件设计规则检查 ... 54
3.4.4　制作集成库 ... 54
3.4.5　编译集成元件库 ... 55

	3.4.6 生成原理图模型元件库报表	55

第 4 章 原理图设计基础 ... 57

4.1 Altium Designer 原理图编辑器界面介绍 ... 57
- 4.1.1 编辑器环境 ... 57
- 4.1.2 视图的操作 ... 58

4.2 原理图操作方法 ... 60
- 4.2.1 电路原理图的设计步骤 ... 60
- 4.2.2 创建新的原理图设计文档 ... 61
- 4.2.3 打开已有的原理图 ... 61
- 4.2.4 原理图的保存 ... 62
- 4.2.5 工程的管理 ... 62

4.3 层次设计 ... 63
- 4.3.1 图纸符号及其入口及端口的操作 ... 64
- 4.3.2 自上而下的电路原理图设计 ... 70
- 4.3.3 层次结构设置 ... 71
- 4.3.4 层次式原理图 ... 72

4.4 多张原理图连接设计 ... 74
- 4.4.1 认识 Off Sheet Connector 图纸连接器 ... 74
- 4.4.2 多电路原理图的绘制 ... 75
- 4.4.3 多电路原理图的查看 ... 77

4.5 编译、查错、报表输出和打印 ... 78
- 4.5.1 错误报告设定 ... 78
- 4.5.2 编译工程 ... 79
- 4.5.3 生成网络表 ... 80
- 4.5.4 打印电路图 ... 81
- 4.5.5 输出 PDF 文档 ... 83

第 5 章 PCB 设计基础 ... 88

5.1 Altium Designer PCB 设计资源概述 ... 88
- 5.1.1 Altium Designer PCB 编辑器界面介绍 ... 88
- 5.1.2 认识 PCB 的层 ... 89
- 5.1.3 PCB 层的显示与颜色 ... 90
- 5.1.4 图件的显示与隐藏设定 ... 92
- 5.1.5 电路板参数设置 ... 93

5.2 PCB 图设计方法 ... 94
- 5.2.1 创建新的 PCB 设计文档 ... 94
- 5.2.2 打开已有的 PCB 设计文档 ... 94

5.3 载入网络表 ... 94

5.4 元件布局、布线 ... 97
- 5.4.1 元件的布局 ... 97

  5.4.2 自动布局 ········· 97
  5.4.3 自动推挤布局 ········· 99
  5.4.4 自动布线 ········· 101
  5.4.5 等长布线 ········· 108
 5.5 设计规则检查（DRC） ········· 111
  5.5.1 DRC 设置 ········· 111
  5.5.2 常规 DRC 校验 ········· 112
  5.5.3 设计规则校验报告 ········· 114
  5.5.4 单项 DRC 校验 ········· 116

第 6 章 PCB 设计规则设置基础 ········· 118
 6.1 设计规则编辑器简介 ········· 118
 6.2 设计规则简介 ········· 119
  6.2.1 Electrical 设计规则 ········· 119
  6.2.2 Routing 设计规则 ········· 123
  6.2.3 SMT 设计规则 ········· 133
  6.2.4 Mask 设计规则 ········· 135
  6.2.5 Plane 设计规则 ········· 136
  6.2.6 Testpoint 设计规则 ········· 137
  6.2.7 Manufacturing 设计规则 ········· 139
  6.2.8 High Speed 设计规则 ········· 141
  6.2.9 Placement 设计规则 ········· 146
  6.2.10 Signal Integrity 设计规则 ········· 149
 6.3 输出 PCB 项目 ········· 152

第 7 章 电路设计实例 1：单片机恒电位电路设计 ········· 157
 7.1 实例简介 ········· 157
 7.2 元件的制作 ········· 158
  7.2.1 制作 OP07 芯片插座的封装 ········· 158
  7.2.2 制作按键开关的封装 ········· 163
  7.2.3 制作电阻、电容的封装 ········· 165
  7.2.4 制作晶振的封装 ········· 166
  7.2.5 制作 PCF8591 的封装 ········· 166
 7.3 绘制电路原理图 ········· 167
 7.4 绘制电路 PCB 图 ········· 170

第 8 章 安全操作规范 ········· 179
 8.1 安全规范所涉及的要求 ········· 179
 8.2 安全规范体系及认证 ········· 179
 8.3 电子产品的安全规范要求 ········· 180
 8.4 电子产品常见的安全规范零部件 ········· 181
 8.5 安全规范在设计中的具体应用 ········· 181

第9章 PCB 设计规范 ... 184
9.1 术语和定义 ... 184
9.2 PCB 设计的布局规范 ... 185
9.2.1 布局注意事项 ... 185
9.2.2 布局操作的基本原则 ... 186
9.2.3 布线的注意事项 ... 186
9.3 层设计 ... 187

第10章 电路设计实例2：12 层板电路设计 ... 190
10.1 实例简介 ... 190
10.2 元器件封装库的设计和使用 ... 190
10.2.1 导入 FPGA 封装库 ... 190
10.2.2 制作元器件封装库 ... 192
10.3 制作 PCB 图前期操作 ... 192
10.4 PCB 图布局 ... 196
10.5 PCB 图布线 ... 196
10.6 收尾 ... 197

第11章 电源和地 ... 198
11.1 电源和地的处理方法 ... 198
11.1.1 电源和地的作用 ... 198
11.1.2 注意事项 ... 198
11.1.3 基本功能 ... 198
11.1.4 载流能力 ... 199
11.1.5 电源分布 ... 200
11.1.6 滤波电容 ... 200
11.1.7 阻抗 ... 200
11.1.8 其他注意事项 ... 200
11.2 分割电源层和地层 ... 201
11.3 正片的应用 ... 201

第12章 PCB 的制作及加工工艺 ... 202
12.1 PCB 的制作流程 ... 202
12.2 PCB 的加工工艺 ... 203

附录 ... 204
附录 A 期末考试模拟习题 ... 204
A.1 元器件封装设计题 ... 204
A.2 PCB 电路设计题 ... 205
附录 B 常用快捷键 ... 207
附录 C 常用逻辑符号对照表 ... 208

参考文献 ... 210

第 1 章 Altium Designer 概述

本章主要介绍 Altium Designer 的发展史、功能特点、基本配置要求、安装启动以及原理图的基本设置，让读者了解 Altium Designer 的基本系统。

1.1 Altium Designer 的发展史

Altium Designer 是 Altium 公司推出的新一代电子电路辅助设计软件。Altium 公司前身为 Protel 国际有限公司，由 Nick Martin 于 1985 年创始于澳大利亚，同年推出了第一代 DOS 版 PCB 设计软件，其升级版 Protel for DOS 由美国引入中国，因其方便、易学而得到了广泛的应用。20 世纪 90 年代，随着计算机硬件技术的发展和 Windows 操作系统的推出，Protel 公司于 1991 年发布了世界上第一个基于 Windows 环境的 EDA 工具——Protel for Windows 1.0 版。

1998 年，Protel 公司推出了 Protel 98，它是一个 32 位的 EDA 软件，将原理图设计、PCB 设计、无网格布线器、可编程逻辑器件设计和混合电路模拟仿真集成于一体化的设计环境中，大大改进了自动布线技术，使得印制电路板自动布线真正走向了实用。随后的 Protel 99 以及 Protel 99SE 版本的问世使得 Protel 成为中国使用最多的 EDA 工具，电子专业的大学生在大学学习期间基本上都用过 Protel 99SE，电子设计公司在招聘新人的时候也将 Protel 作为考核标准，据统计，在中国有 73%的工程师和 80%的电子工程相关专业在校学生正在使用其所提供的解决方案。

2001 年，Protel Technology 公司改名为 Altium 公司，并于 2002 年推出了令人期待的新产品 Protel DXP，Protel DXP 与 Protel 99SE 相比，不论是操作界面还是功能上都有了非常大的改进。而 2003 年推出的 Protel 2004 又对 Protel DXP 进行了进一步的完善。

2006 年，经过多次蜕变，Protel DXP 正式更名为 Altium Designer，Altium Designer 6.0 版本集成了更多的工具，实用方便，功能更强大，特别是在 PCB 设计这一块性能大大提高。2008 年推出的 Altium Designer Summer 08 将 ECAD 和 MCAD 两种文件格式结合在一起，在其一体化设计解决方案中为电子工程师带来了全面验证机械设计（如外壳与电子组件）与电气特性关系的能力，还加入了对 OrCad 和 PowerPCB 的支持能力，使得其功能更加完善。

1.2 Altium Designer 的功能及特点

2015 年推出的 Altium Designer Summer 10.0，相比于以前的 Protel DXP 或是 Altium Designer 6.0 功能有不少改进，具体介绍如下：

1) 集成 ECAD 与 MCAD：Altium Designer 10.0 强化了三维功能，能够连接由各种 MCAD 软件制作的 STEP 模型，允许在设计中对任意对象之间进行全面的干扰和间隙检查，例如元件、支架及其周围的封装。

2）新增交互式布线引擎：Altium Designer 10.0 引进了一个全新的交互式布线引擎，实现线路快速放置的导向布线功能、布线时对现有线路自动套索的功能以及增强的布线自动完成功能。

3）Designer Insight 功能：Document Insight 和 Connectivity Insight 带来的弹出式预览和鼠标悬停时的上下敏感导航功能让设计师无须打开多个图纸即可预览文档和线路网。

4）增强的内层视图：可在 PCB 编辑器中对内层进行建模，设计规划检查 DRC（Design Rule Check）还纳入了实时电路层连接检查功能，可探测到由电路层意外分离、焊盘和通孔隔离以及散热连接匮乏所造成的网络故障。

5）定制虚拟仪器元件：Altium Designer 10.0 虚拟仪器库新增定制仪器。该仪器经过充分定制后，可用于监控 FPGA 设计中的所有信号。

6）基于 C 的定制 FPGA 逻辑开发：能够将 C 源代码连接至基于原理图的 FPGA 设计。符号引用的代码被转换成 VHDL，并作为硬件与系统的其他部分整合，使得设计者能够直接使用 C 语言创建功能。

7）Allegro PCB 导入：Altium Designer 10.0 的导入向导得到增强，能够支持 Cadence Allegro PCB 文档的自动转换和导入。

1.3　Altium Designer 的配置要求

1.3.1　基本配置要求

由于 Altium Designer 10.0 与以前的 Protel 版本之间的巨大差异，使得其对计算机系统的配置有了更高的要求，要想在计算机上顺利安装并正常运行 Altium Designer 10.0，计算机必须至少具备以下配置。

建议配置：
- 操作系统：Windows XP（支持 Professional 和 Home 版）及以上版本
- CPU：Pentium4，3GHz 以上
- 内存：1GB RAM
- 硬盘空间：40GB
- 显示配置：1280×1024 像素分辨率 32 位彩色显示，64MB 显存

基本配置：
- 操作系统：Windows 2000 Professional（SP2）
- CPU：Pentium4，2GHz
- 内存：512MB RAM
- 硬盘空间：20GB
- 显示配置：1024×768 像素分辨率，32 位彩色显示，32MB 显存

1.3.2　基本参数设置

尽管 Altium Designer 10.0 默认的参数设置已十分完善，但由于每个人习惯不同，设计者

当然希望将系统设置成自己所习惯的操作模式。Altium Designer 10.0 向用户提供了个性化设置功能。单击软件左上角的图标弹出图 1-1 所示的菜单，较常用的设置选项包括【Customize】和【Preferences】。

图 1-1　基本参数设置

【Customize】选项主要是操作上的个性化设置，单击 Customize 选项，弹出个性化设置选项卡，如图 1-2 所示，个性化设置选项卡包括 Commands 和 Toolbars 两个选项，其中 Commands 用于设置常用的命令及其快捷方式，选项卡的左侧为命令分类，右侧则为命令列表，双击相应的命令（如"Open"）即可显示该命令的详细信息，如图 1-3 所示。在此可以设置该命令对应的执行进程、参数、标题、功能描述、图标文件以及快捷方式等，使之符合用户的操作习惯。

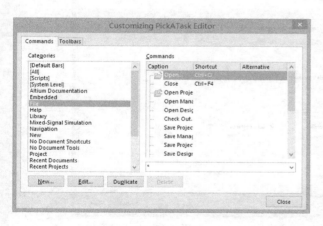

图 1-2　个性化设置　　　　　　　　　　　图 1-3　"Open"命令设置

【Toolbars】用于设置 Altium Designer 10.0 操作界面的上方是否显示菜单栏、工具栏等项目，在默认情况下是均显示，用户若想隐藏相关的项目，只需取消其后的复选框，如图 1-4 所示。

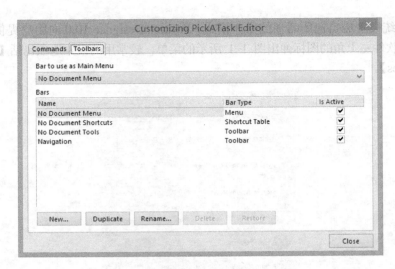

图 1-4　显示菜单栏设置

【Preferences】选项卡用于设置系统整体和各模块的参数。如图 1-5 所示，选项卡左侧列出了系统中所有需要参数设定的项目，在一般情况下是不需要对系统默认参数进行任何改动的，不过读者可进行一些个性化设置，如【General】选项里面就可以设定系统启动时默认所打开的页面，还可以设定系统的默认文件存储目录和库文件存储目录。

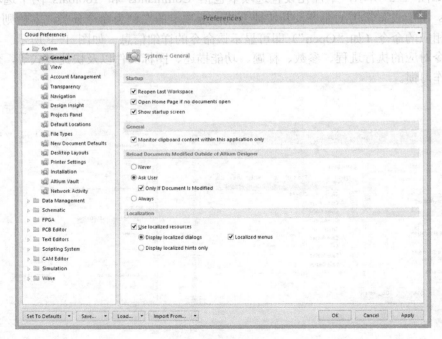

图 1-5　系统整体和各模块参数设置

Altium Designer 10.0 相对于原先的 Protel 版本有一个令人振奋的新特性，那就是开始初步支持中文，读者可以在【Preferences】选项卡里进行设定。选中【General】项目，勾选图中所示的【Use localized resources】选项，此时屏幕会弹出图 1-6 所示的对话框，单击按钮确认，当 Altium Designer 10.0 下次启动时，系统就变成中文界面了。但是 Altium Designer 10.0 的中文支持水平并不是很完备，很多菜单还存在中英文夹杂的情况，而且其翻译的准确度也不是很高。

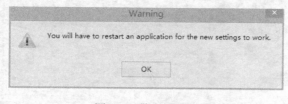

图 1-6　警告对话框

1.4　Altium Designer 的安装和认证

Altium Designer 10.0 软件包的安装非常简单，整个过程只需按照提示选择相关的选项即可完成，具体步骤如下。

1）将 Altium Designer 10.0 安装光盘置于光盘驱动器中，在默认情况下系统会自动读取光盘内容并开始安装程序，倘若系统禁止的光盘驱动器自动运行功能，读者可自行打开 Protel 安装程序文件夹，选取 Setup.exe 图标并双击，屏幕即会出现图 1-7 所示的欢迎界面。

图 1-7　欢迎界面

2）单击【Next】按钮，进入许可证协议对话框，只有接受软件的使用许可才能进行下一步操作，如图 1-8 所示，选中【I accept the agreement】并单击【Next】按钮后进入使用者信息设置页面，在此读者可设置自己的用户名以及所属的组织，并设置该软件的使用权限：仅供自己个人使用还是可供使用该计算机的所有用户使用，如图 1-9 所示。

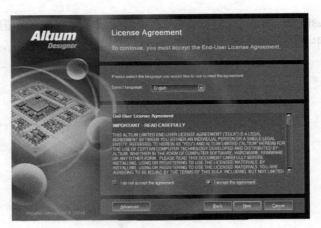

图 1-8 许可证协议对话框

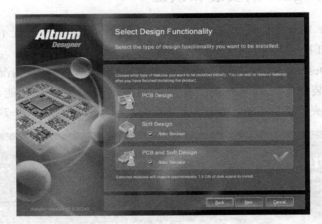

图 1-9 使用者信息设置

3）单击【Next】按钮继续，下一步是安装路径选择页面，软件默认的安装路径是 "C:\Program FilesAltium Designer Summer 08"，读者也可单击【Browser】按钮来自己选择安装路径，如图 1-10 所示。

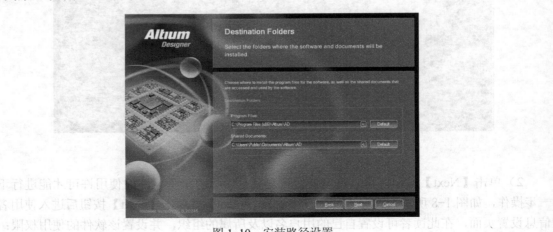

图 1-10 安装路径设置

4）至此软件的安装设置已经完成，图 1-11 是安装开始确认界面，此时若发现前面设置有错误的地方可单击【Back】按钮返回重新设置，倘若信息准确无误可单击【Next】按钮，软件正式开始安装。

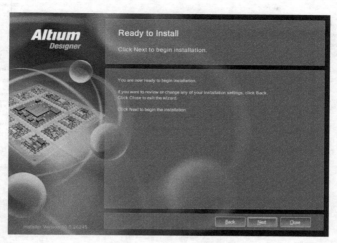

图 1-11　安装开始界面

5）整个安装过程无须人工干预，大约几分钟后屏幕便会出现软件安装完成的界面，表明 Altium Designer 10.0 已经成功安装到目标计算机，单击【Finish】按钮完成安装，如图 1-12 所示。

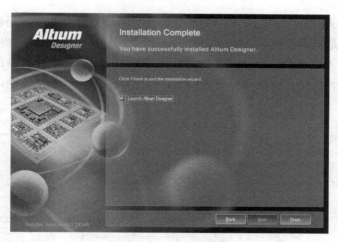

图 1-12　完成安装界面

6）Altium Designer 10.0 第一次启动，系统会提示为添加产品使用许可证，用户可按照提示通过网络和邮件来获得软件的使用权限，或是通过现成的使用许可文件来激活软件。软件激活后，读者便可以自由地享受 Altium Designer 10.0 所带来的便利了。

1.5　原理图编辑器基础

图 1-13 为 Altium Designer 10.0 的基本集成开发环境，整个工作环境主要包括菜单栏、

工具栏、面板控制栏和工作区等项目，其中工具栏、菜单栏里面的项目都会随着所打开的文件的属性而不同。

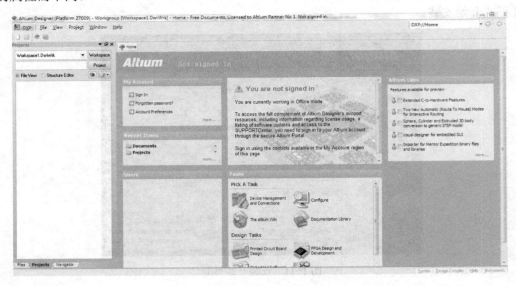

图 1-13 开发环境

1.5.1 工作面板管理

可视化面板是 Altium Designer 10.0 的一大特色，熟练地操作与管理面板能够大大提高电路设计的效率，但是新手往往对 Altium Designer 10.0 的复杂面板操作不知所措，因此有必要在此详细介绍一下 Altium Designer 10.0 的面板操作。Altium Designer 10.0 的面板大致可分为三类：弹出式面板、活动式面板和标签式面板，各面板之间可以相互转换，工作面板形式如图 1-14 所示。

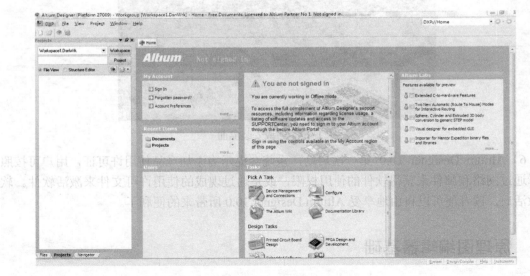

图 1-14 面板界面

弹出式面板：顾名思义，就是只有用鼠标点击或触摸时才能弹出。在主界面的右上方有一排弹出式面板栏，当用鼠标触摸隐藏的面板栏（鼠标停留在标签上一段时间，不用单击），即可弹出相应的弹出式面板；当指针离开该面板后，面板会迅速缩回去。倘若希望面板停留在界面上而不缩回，可用鼠标单击相应的面板标签，需要隐藏时再次单击标签面板即自动缩回。

活动式面板：界面中央的面板即为活动式面板，使用者可用鼠标拖动活动式面板的标题栏使面板在主界面中随意停放。

标签式面板：界面左侧为标签式面板，左下角为标签栏，标签式面板同时只能显示一个标签的内容，可单击标签栏的标签进行面板切换。各种模式的面板是可以相互切换的，标签式面板和弹出式面板可以转变成活动式面板，拖住标签式面板和弹出式面板的标签，拽至屏幕的中央，此时标签式面板和弹出式面板就变成了活动式面板，如图 1-15 所示，同时屏幕中央还会出现 ◀▶▲▼ 四个方向按钮，若是拖着面板使鼠标停留在 ◀ 上并释放鼠标左键，面板就会停靠在界面左方成为标签式面板；若是拖至 ▶ 上释放按键，面板就会停靠在界面右侧成为弹出式面板；若拖动面板至 ▲ 或 ▼ 上并释放按键，面板就会变为相应的上贴式或下帖式活动面板。

同样，标签式面板的排列位置也是可以改变的，可以在标签面板区上下排列，也可以左右排列，当然在一般情况下是呈标签式重叠排列的。若要调整标签式面板的排列位置，可拖动面板的标签至面板之上，如图 1-16 所示，此时在面板区同样会出现 ◀▶▲▼ 四个按钮，将标签拖放至按钮上并释放后，标签式面板便会按照上下或者左右顺序排列。

图 1-15 方向按钮

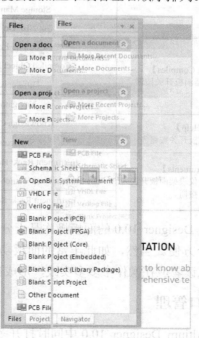

图 1-16 调整位置

系统界面的右下方有一个面板控制栏，如图 1-17 所示，控制栏上有四个选项按钮：【System】【Design Compilers】【Help】【Instruments】通过该面板控制栏可设置相应的面板是否在界面上显示。单击各选项按钮后弹出的菜单项目如表 1-1 所示，若希望显示相应的面板，只需用鼠标单击相应的项目，此时在该菜单项目前会有"√"出现，表示该面板已在主界面显示，当再次单击该项目后，相应的已经显示的面板会关闭，同时"√"消失，表示该面板隐藏。面板最右侧的【>>】为面板控制栏显示控制按钮，单击【>>】按钮面板控制栏会自动隐藏，同时【>>】变为【<<】，单击【<<】按钮则面板控制栏会再次出现。

图 1-17　面板控制栏

表 1-1　System 按钮介绍

按钮菜单	选项	对应面板
【System】 系统面板开关按钮	Clipboard	剪切板面板
	Favorites	收藏夹面板
	Files	文件面板
	Libraries	元件库面板
	Messages	信息面板
	Output	输出面板
	Projects	项目面板
	Snippets	切片面板
	Storage Manager	存储管理器面板
	To-Do	执行面板
【Design Compiles】 设计编译器面板开关按钮	Compile Error	编译错误信息面板
	Compiled Object Debugger	编译对象调试器面板
	Differences	差异面板
	Navigator	导航面板
【Help】 帮助面板开关按钮	Knowledge Center	知识中心面板
	Shortcuts	快捷键面板
【Instruments】 FPGA 设计仪表架面板开关按钮	Instrument Rack-Hard Devices	硬件装置的仪表架面板
	Instrument Rack-Nanoboard Controllers	纳米板控制器的仪表架面板
	Instrument Rack-Soft Devices	软件装置的仪表架面板

Altium Designer 10.0 的面板操作是十分灵活的，正是这种灵活的操作使得电子电路的设计变得十分方便。当然，如此丰富的面板功能可能很多我们平时都用不到，所以读者应在操作中多多实践，形成自己的操作习惯。

1.5.2　窗口管理

当在 Altium Designer 10.0 中同时打开多个窗口时，可以将各个窗口按不同的方式在主界面中排列显示出来。对窗口的管理可通过【Window】菜单，或是通过右击工作窗口的标签栏，在弹出的菜单中进行设置，如图 1-18 所示。

图 1-18　Window 菜单

平铺窗口：执行【Window】|【File】命令，即可将当前所有打开的窗口在工作区平铺显示，如图 1-19 所示。

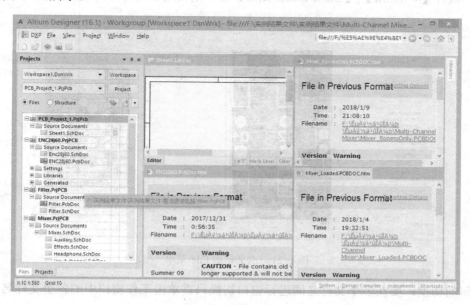

图 1-19　File 菜单

垂直平铺显示：执行【Window】|【File Vertically】命令，即可将当前所有打开的窗口垂直平铺显示，如图 1-20 所示。

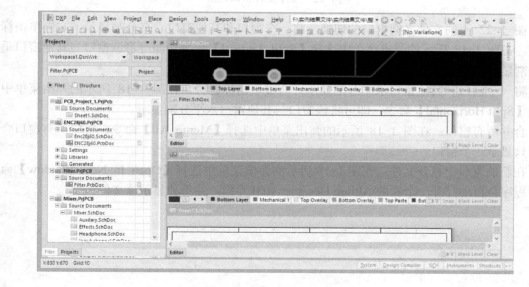

图 1-20　垂直平铺显示 File 菜单

水平平铺显示：执行【Window】|【File Horizontally】命令，即可将当前所有打开的窗口水平平铺显示，执行效果如图 1-21 所示。

隐藏所有窗口：执行【Window】|【Hide All】命令，可以将当前所有打开的窗口隐藏。

关闭文件：执行【Window】|【Close All】命令，关闭当前所有打开的文件并关闭相应的窗口；执行【Window】|【Close Documents】命令则关闭当前打开的文件。

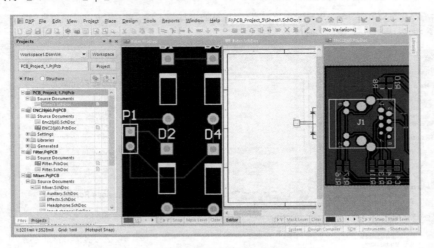

图 1-21　水平显示 File 菜单

窗口的切换：要在多个文件之间进行窗口切换只需单击工作窗口中的各个文件名，如图 1-22 所示。

图 1-22　多个文件窗口切换

图 1-22 不同文件之间窗口的切换　将一个窗口和其他窗口垂直分割显示：右键单击标题栏，在图 1-18 所示的弹出菜单中选择【Split Vertical】命令，即可将该窗口与其他窗口垂直分割显示。

将一个窗口和其他窗口水平分割显示：右键单击标题栏，在图 1-18 所示的弹出菜单中选择【Split Horizontal】命令，即可将该窗口与其他窗口水平分割显示。

合并所有窗口：在图 1-18 所示的弹出菜单中选择【Merge All】命令，可将所有窗口合并，只显示一个窗口。

在新的窗口中打开文件：在图 1-18 所示的弹出菜单中选择【Open In New Window】命令，程序会自动打开一个新的 Altium Designer 10.0 界面，并单独显示该文件。

第 2 章　Altium Designer 电路设计的基本流程

本章将介绍 Altium Designer 电路设计的基本流程，熟悉原理图的编辑环境、操作过程及技巧。

2.1　文件系统

Altium Designer 10.0 采用了目前流行的软件工程中工程管理的方式组织文件，各电路设计文件单独存储，并生成相关的项目工程文件，它包含有指向各个设计文件的链接和必要的工程管理信息。所有文件置于同一个文件夹中，便于管理维护，常见的 Altium Designer 设计文件如表 2-1 所示。

表 2-1　常见的 Altium Designer 设计文件

设计文件	扩展名
电路原理图文件	*.SchDOC
PCB 文件	*.PCBDOC
原理图元器件文件	*.SchLib
PCB 元件库文件	*.PchLib
PCB 项目工程文件	*.PRJPCB
EFPGA 项目工程文件	*.PRJFPG

2.2　新建一个 PCB 工程

首先创建一个 "PCB Project" 工程，打开菜单【File】|【New】|【Project】，选择【PCB Project】来创建一个新的 PCB 电路设计工程，如图 2-1 所示。也可以直接在【Project】标签面板中选择创建【Blank Project】来创建，如图 2-2 所示。

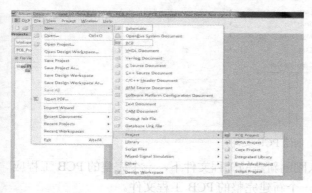

图 2-1　通过菜单创建一个新的 PCB 工程

图 2-2　通过 Files 平板添加新 PCB 工程

创建完成后，会在主界面的【Project】标签菜单中显示出一个空的工程"PCB_Project1.PrjPCB"，如图 2-3 所示，【No Documents Added】表明这是一个未添加文件空白工程。

添加电路原理图设计文件，打开菜单【File】|【New】，选择【Schematic】，即新建了一个原理图文件 Sheet1.SchDoc，原理图文件需要添加进一个工程中，将 Sheet1.SchDoc 文件拖入新建的工程文件下即可，如图 2-4 所示。若要将相关设计文件从工程中移除也只需将文件从工程中拖到下面的空白处即可。

图 2-3　PCB 工程文档

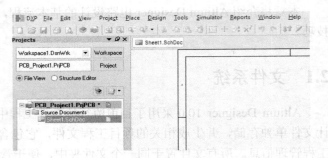

图 2-4　添加原理图文件

然后再添加 PCB 文件，步骤同添加原理图文件一致，从菜单【File】|【New】中选择【PCB】来添加新的文件 PCB1.PcbDoc，如图 2-5 所示，也可以从【Files】标签面板中选择添加。

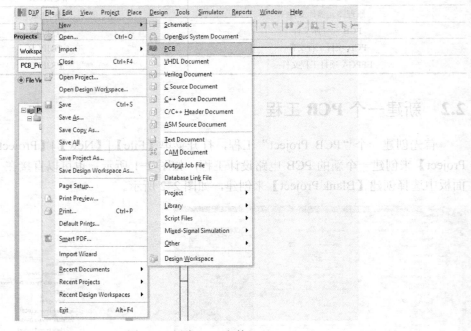

图 2-5　创建 PCB 文件

创建完 PCB 文件后，将 PCB 文件拖入刚刚新建的工程文件下，一个完整的 PCB 工程应包括原理图文件和 PCB 文件，图 2-6 示为一个新建完整的 PCB 工程文件。

至此，一个全新的电子电路设计工程创建完毕了，选择菜单【File】中的【Save

Project】命令将工程命名为【Filter.PrjPCB】,并将工程中的其他项目文件保存在同一个文件夹中,**注意原理图文件名需与 PCB 文件名一致**,否则软件无法将原理图文件与 PCB 文件对应编译连接。

图 2-6 完整的 PCB 工程

2.3 绘制原理图

打开刚刚建立的【Filter.PrjPcb】中的【Filter.SchDoc】文件,将操作窗口切换到原理图文件编辑窗口如图 2-7 所示,准备绘制一个简单的电路原理图。

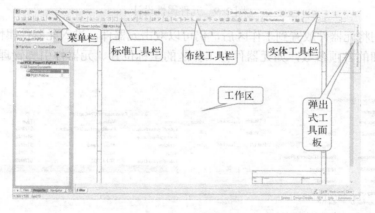

图 2-7 原理图设计窗口

首先,我们需要根据设计的原理图,选择合适的原理图元器件,关于选择元器件,我们以调用一个电解电容为例,单击窗口最右侧的【Libraries】弹出面板,选择【Miscellaneous Devices.IntLib】元件库,并在原件栏中选择 Cap Pol1,单击右上角的【Place Cap Pol1】按钮或是双击原件栏中选中的 Cap Pol1 来放置 100pF 的电解电容,如图 2-8 所示。当鼠标移至绘图区时,光标上将黏附一个电容的符号,随光标而移动。

从元器件库中选择电解电容后,将其拖到工作区,在未放置时按〈TAB〉键,界面上将会出现原件参数设置对话框,在此对话框下可以更改元器件各项参数,这里我们将电解电容的标号改为 C1,Value 值改为 100pF,如图 2-9 所示,并确认。后期如需修改,也可双击元

15

件，再次打开元件属性设置对话框进行修改。

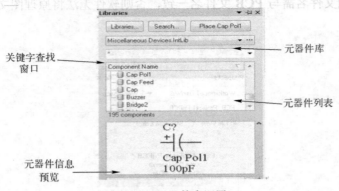

图 2-8　元器件库调用

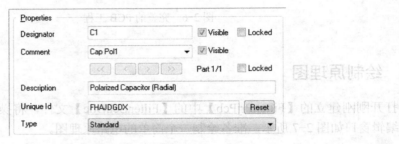

图 2-9　元件属性设计

此外，我们将元器件放置到工作区后，仍可以双击元器件，进入元器件属性对话框，来更改元器件更详细的各项参数，如元器件在工作区的坐标位置、元器件引脚管理等，如图 2-10 所示。

图 2-10　原理图元器件属性对话框

放置电解电容：将鼠标移至绘图区的合适位置，单击鼠标左键即可放置一个 Cap Poll。为了布线方便以及图形美观，可对元器件进行选择操作，逆时针旋转 90°，该命令的快捷键为键盘空格键；或顺时针旋转 90°，该命令的快捷键为【Shift】+【空格】，也可做多次旋转操作。

快捷键在 Altium Designer 绘图过程中很重要，记住些常用的快捷键非常有助于帮助我们更高效地进行设计，**Altium Designer 10 软件快捷键使用环境须为英文输入法下的编辑环境**，中文输入法下快捷键不起作用。下面我们介绍下 Altium Designer 10 版本的快捷键设置与更改，如图 2-11 所示。

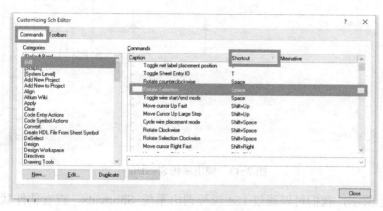

图 2-11 快捷键设置对话框

在 Altium Designer 10 的菜单栏中依次单击【DXP】|【Customise】，即可调出对话框，从图中的 Shortcut 中即可以查询软件默认的一些快捷键设置，如若想更改一些快捷键设置，可在双击想要更改的项目，在出现的对话框里更改。如上图示，软件默认的旋转元器件的快捷键是 Space 空格键，无特殊要求时，我们一般应用软件默认的快捷键设置。设计者如果想自定义快捷键，在图 2-11 窗口下，双击所需更改的快捷键项目即可，如图 2-12 所示。

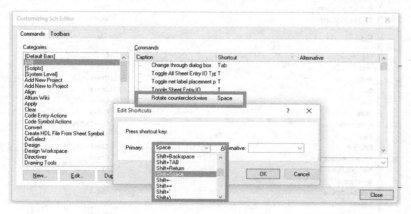

图 2-12 自定义快捷键

Altium Designer 10 软件其他快捷键可以通过打开工作区下方的【Help】|【Shortcuts】来查看，如图 2-13 所示。

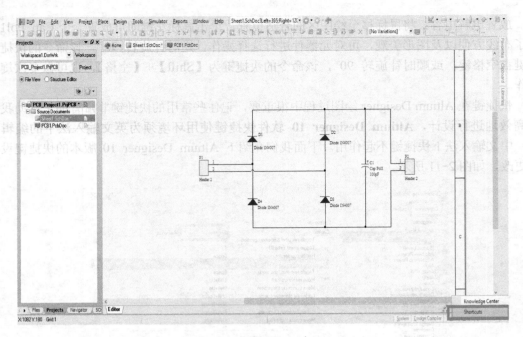

图 2-13 调出系统 Shortcuts

如图 2-14 所示，我们可以通过上述流程调出系统 Shortcuts，查看软件默认的快捷键，记住些常用的 Altium Designer 快捷键，能够很好地帮助设计者高效地设计 PCB 工程。

图 2-14 系统 Shortcuts

我们继续设计这张原理图，以相同的方式在元器件库中双击选择 1N4007 二极管，并将其标号改为 D1，Value 值改为 1000uF，在工作区合适位置放置，单击即可放置一个 1N4007。

此时，鼠标上仍会黏附一个二极管，移至另外的位置放置其他的三个 1N4007 形成一个正玄波全波整流电路。最后右击结束二极管的放置。将图 2-8 所示的【Libraries】弹出式面板中的元件库改为【Miscellaneous Connectors.Intlib】，并选择其中的 Header2 接口元件分别作为输入和输出接口放置。放置好元件的电路如图 2-15 所示。

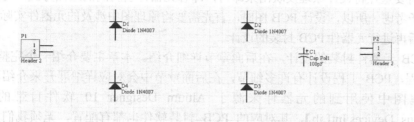

图 2-15 放置完元器件的原理图

放置完元器件后，我们需要将各个元器件进行电气连接，单击工具栏的 Place Wire 按钮后，原理图工作区编辑环境进入电气连线状态，此时，鼠标指针多出一个十字状的捕捉指针，当鼠标移至制定元件的引脚时，引脚上会显现出一个红色 ✳ 的单击引脚即开始连线，随着鼠标的移动会有相应的引线跟随，当鼠标移至另一个引脚时，引脚上会出现对应的红色 ✳，单击引脚完成此次连线，如图 2-16 所示。以相同的方法完成其他连线，最后单击鼠标右键或按【ESC】键退出绘制导线状态。

图 2-16 元件的连线

完成连线后的最终原理图，如图 2-17 所示。

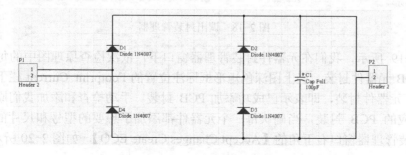

图 2-17 最终原理图

2.4 绘制 PCB 图

设计好电路原理图后便可进行电路 PCB 图绘制。关于设计 PCB 图，需要先简要介绍 PCB 图中 PCB 元器件封装，PCB 即印制电路板（Print Circuit Board），将设计好的 PCB 图经过不同制板工艺做成 PCB 然后将元器件焊接在 PCB 上，即完成 PCB 的制作。设计 PCB 图时，较原理图不同的是，PCB 图中各元器件的实际尺寸是真实反映在 PCB 元器件封装上的，而原理图只需要重点将设计原理反映出来即可，即各元器件引脚间的连接方式，对元器件实际封装尺寸不予考虑。所以，设计 PCB 图时，首先需要将原理图中涉及的元器件实际封装尺寸测量查明，然后再进行元器件 PCB 封装的设计。

关于 PCB 元器件封装的设计，在后面章节详细介绍。本章主要介绍一个完整的 PCB 工程的设计流程，PCB 工程设计有许多细节，在后面章节中会对应详细展开来介绍。由于上面设计的原理图中使用到的元器件来源于 Altium Designer 10 软件自带的元器件库【Miscellaneous Devices.IntLib】，其对应的 PCB 封装软件也都有配置，无须我们重新查找和设计 PCB 元器件封装，但软件自带的原理图封装库和 PCB 封装库仅是常用的通用元器件，无法满足设计者自定义进行设计，一般设计者后期设计的 PCB 工程，大部分原理图封装库和 PCB 图封装库都需要设计者自行设计。

如图 2-18 所示，在进行原理图编译 PCB 图时，需要先向原理图中导入确认各元器件的 PCB 封装，在原理图编辑环境下的菜单栏中依次【Tool】|【Footprint Manager】调出封装管理器窗口。

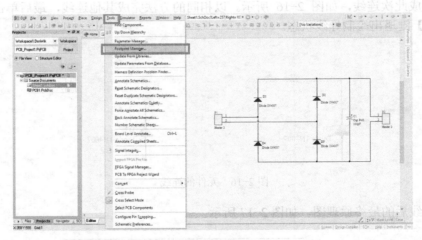

图 2-18　调出封装管理器

如图 2-19 所示，我们在元器件封装管理器窗口下，依次检查原理图中的每个元器件是否对应有 PCB 元器件封装，当上图深色矩形框标注位置的 Footprint Current 栏下显示有对应添加的 PCB 元器件封装，即表示已成功添加 PCB 封装。手动检查和添加我们原理图中所有的元器件对应的 PCB 封装，当确认每一个元器件都添加了想要的型号和尺寸的 PCB 封装后，单击封装管理器窗口右下角的【Accept Changes Create ECO】，如图 2-20 所示。

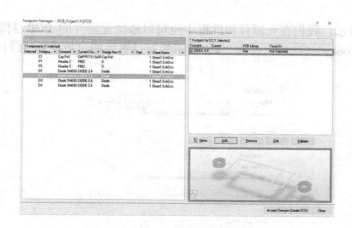

图 2-19　封装管理器窗口

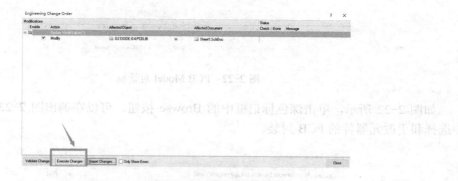

图 2-20　封装管理器执行连接对话框

对原理图中的各个元器件添加 PCB 封装，除了用封装管理器外，还可以手动在原理图中双击各个元器件来添加 PCB 封装。例如双击原理图中的 D1 整流二极管，会出现图 2-21 所示的对话框。

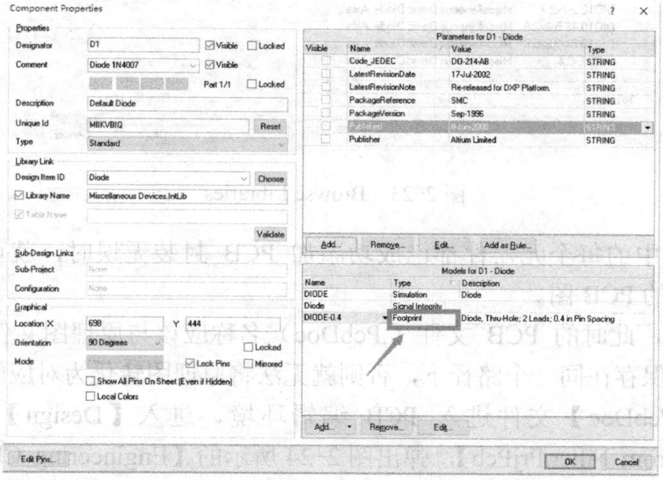

图 2-21　元器件属性框

如图 2-21 所示，我们在元器件属性框中也可以添加元器件的 PCB 封装。双击图 2-21 示的深色框中的 Footprint 选项，在图 2-22 所示的对话框中即可更改 PCB 封装。

图 2-22　PCB Model 对话框

如图 2-22 所示，单击深色标记框中的 Browse 按钮，可以在调出图 2-23 所示的对话框中选择和更改元器件的 PCB 封装。

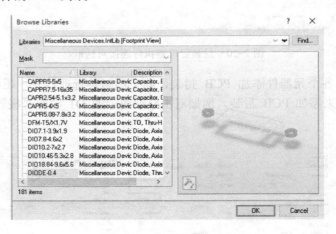

图 2-23　Browse Libraries

当确认原理图中的每个元器件都已成功添加 PCB 封装无误时，就可以进行原理图编译，连接执行相应的 PCB 图。

值得注意的是，此时的 PCB 文件（.PcbDoc）名称应该与原理图文件（.SchDoc）名称一致且和整个工程保存在同一个路径下，否则就无法将原理图转化为对应的 PCB 图。

打开【Filter.PcbDoc】文件进入 PCB 编辑环境，进入【Design】菜单，选择执行【Import Changes From Filter.PrjPcb】，弹出图 2-24 所示的【Engineering Change Order】工程变更单对话框。

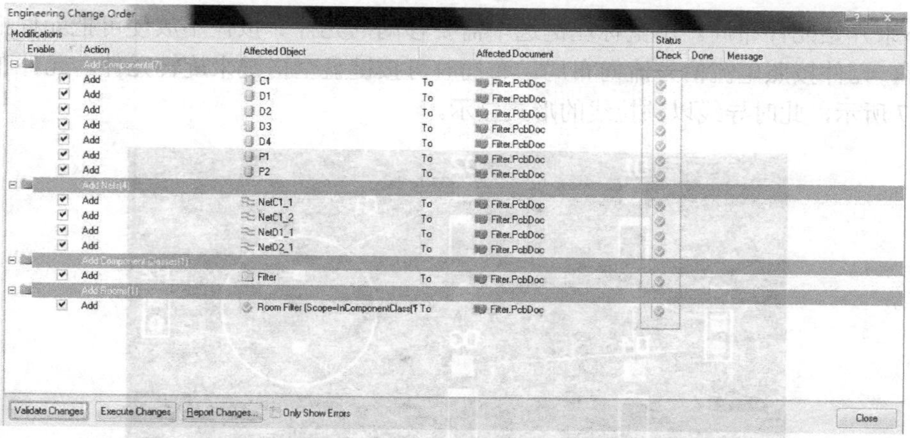

图 2-24 【Engineering Change Order】工程变更单对话框

单击【Validate Changes】按钮对所做的改编进行验证。原理图验证无误时右侧【Status】栏会出现一排绿色的"√"。单击【Execute Changes】按钮执行所做的改变，再单击【Close】按钮关闭对话框。这时原理图中所有元件和网络连线都会以 PCB 封装元器件的形式出现 PCB 图界面下，如图 2-25 所示，图示的白色细线为电气连接预拉线，绘制 PCB 图就是将这些元器件间的预拉线按照 PCB 布线规则在不同电气层间连接起来。

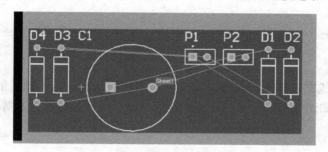

图 2-25 原理图连接编译完成的 PCB 图

图 2-26 所示为原理图连接编译完成的 PCB 图，我们在开始绘制之前，可以先单击拖动任意两个元器件中间区域将整体元器件移动到 PCB 编辑区以方便我们绘制 PCB 图。

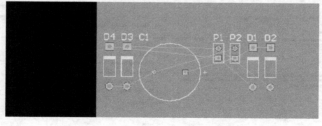

图 2-26 元件和电气连线

将整体元器件移动到合适的 PCB 编辑区域后，单击棕色元件放置区里没有元件的位置，按住鼠标将所有元件拖至编辑区内，再次单击放置区里没有元件的位置选中放置区间，并按键盘上的【Del】键将区间删除，只留下元件。

接下来开始元件布局。用鼠标左键选中需要移动的元件，按住不放便可把元件拖动至所需的位置，元件按照电流信号流向布局，布局时可按键盘空格键来旋转元件。元件布局结果如图 2-27 所示，此时导线以预拉线的形式显示。

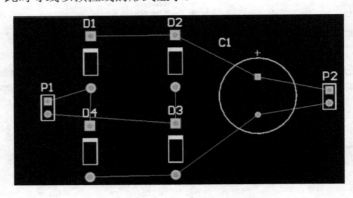

图 2-27　元件布局示意图

电路布线是 PCB 设计最为关键的部分，由于本次设计的电路十分简单，在此选用单层板布线，顶层用于放置元件，底层则用于电气走线。在编辑区的底层有一排布线板层切换栏，如图 2-28 所示，选择【Bottom Layer】切换到底层，并单击工具栏的 按钮开始交互式布线。

图 2-28　板层切换栏

布线还得对导线宽度等进行设置，在交互式布线的状态下按下键盘的【Tab】键弹出交互式布线设置框，如图 2-29 所示，在这里设置导线的线宽与导孔大小等参数，设置为合适值后关闭。

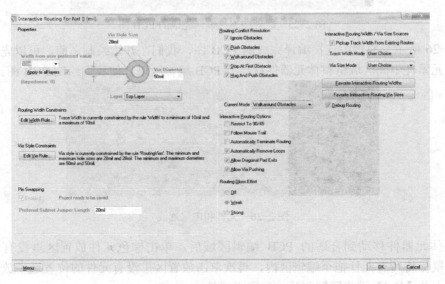

图 2-29　交互式布线设置框

单击元件的引脚，移动指针即可拉出一条蓝色的连线。到达下一个元件引脚后再单击鼠标左键即可完成一条电气导线的连接。用同样的方法完成其他导线的连接，最后单击鼠标右键退出交互式布线状态，如图 2-30 所示。

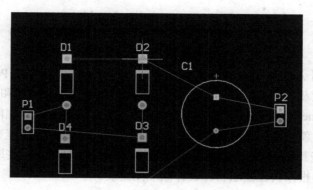

图 2-30　电气连线过程

至此，一块完整的整流滤波 PCB 图就设计完成了，最终完成的 PCB 电路图如图 2-31 所示。

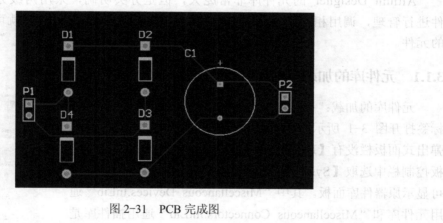

图 2-31　PCB 完成图

第 3 章 元器件封装设计

本章将详细介绍 Altium Designer 的元件库、原理图库文件设计及 PCB 库文件设计。熟悉原理图的编辑环境及 PCB 的设计系统，进一步地学习原理图的编辑和 PCB 的设计。通常在安装 Altium Designer 软件时，就已经默认安装了许多集成元器件原理图库，软件默认安装了其中的一部分库，就是我们在绘制原理图时，所调用 Libraries 时所能直接调取的元器件原理图封装，对于一些其他的特殊器件，设计者可以安装软件自带的一些库，或者设计者自行创建原理图库文件，根据自己需求自行设计原理图封装。

3.1 元件库的介绍

Altium Designer 的元件库非常庞大，但是分类明确，采用两级分类的方法来对元件进行管理，调用相应的元件时只需找到相应公司的相应元件种类就可方便地找到所需的元件。

3.1.1 元件库的加载与卸载

元件库的加载：用鼠标单击弹出式面板栏的【Libraries】标签打开图 3-1 所示的【Libraries】元件库弹出式面板。如果弹出式面板栏没有【Libraries】标签的话可在绘图区底部的面板控制栏中选取【System】菜单，选中其中的【Libraries】即可显示原器件库面板。其中 "Miscellaneous Devices.InLib" 通用元件库和 "Miscellaneous Connectors.IntLib" 通用插件库是原理绘制时使用最多的两个库。选择【元件列表栏】中的某个元件，在下面就会出现该元件的原理图符号预览，同时还会出现该元件的其他可用模型，如仿真分析、信号完整性和 PCB 封装；选择【Footprint】，该元件的 PCB 封装就会以 3D 的形式显示在预览框中，这时还可以用鼠标拖动封装旋转封装，以便全方位的查看封装。

单击【Libraries】面板中的【Libraries】按钮，打开图 3-2 所示的【Available Libraries】当前可用元件库对话框。在【Installed】选择卡中列出了当前所安装的元件库，在此可以对元件库进行管理操作，包括元件库的装载、卸载、激活，以及顺序的调整。

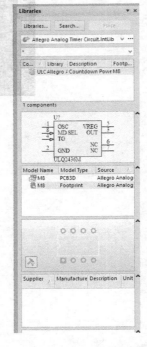

图 3-1 【Libraries】面板

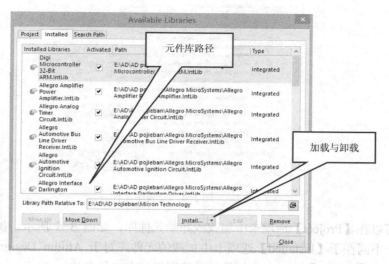

图 3-2　Available Libraries 对话框

单击【Install】按钮，弹出图 3-3 所示的打开元件库对话框，Altium Designer 10.0 的元件库全部放置在默认路径的文件夹中，并且以生产厂家名分类放置，因此可以非常方便地找到自己所需要的元件模型。

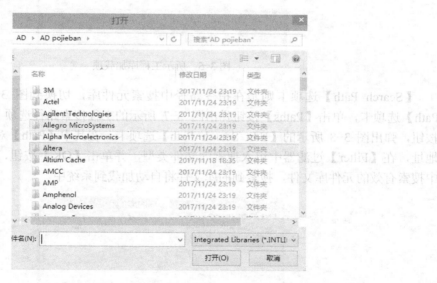

图 3-3　安装库文件路径

如果想要找到 Philips 公司生产的 89C51 单片机芯片，可以选择"Philips"文件夹，如图 3-4 所示，该文件夹内列出了 Philips 公司常见元件模型的分类。选择其中的"Philips Microcontroller 8-Bit.IntLib"元件库文件，该元件库包含了 Philips 公司生产的 8 位微处理器芯片，单击【打开】按钮，该元件库就成功加载到系统中。

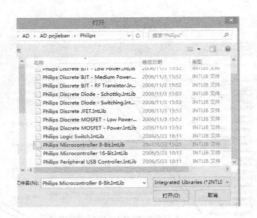

图 3-4 安装库文件

也可以在【Project】选项卡中加载或卸除元件库，如图 3-5 所示。加载和卸载的方法相同，唯一不同在于【Installed】选项卡中加载的元件库对于 Altium Designer 打开的所有工程均有效，而【Project】选项卡中加载的元件库仅对本工程有效。

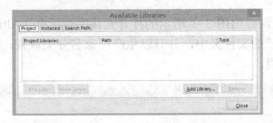

图 3-5 所示工程库加载项

【Search Path】选项卡则是在指令路径中搜索元件库，切换到图 3-6 所示的【Search Path】选项卡，单击【Paths】按钮弹出图 3-7 所示的工程搜索路径选项卡，再单击【Add】按钮，弹出图 3-8 所示的【Edit Search Path】选项卡，在其中【Path】对话框中填入搜索的地址，在【Filter】过滤器中填入搜索的文件类型，并单击【OK】按钮，即可在指定的目录中搜索有效的元件库文件，搜索到的库文件将自动加载到系统中。

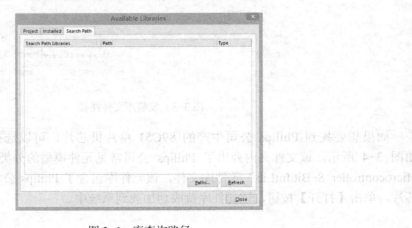

图 3-6 库查询路径

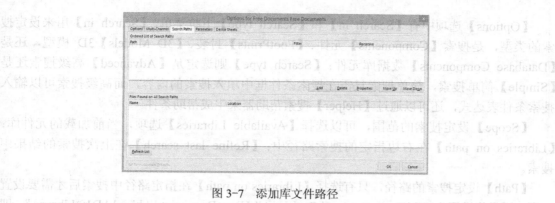

图 3-7 添加库文件路径

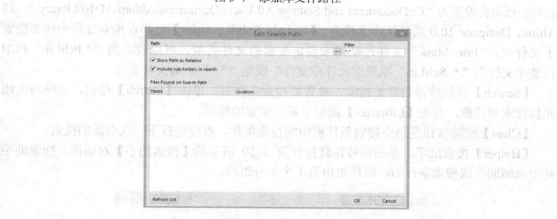

图 3-8 安装库文件路径

3.1.2 查找元件

单击【Libraries】面板左上角的【Search】按钮，进入图 3-9 所示的元件库搜索对话框。

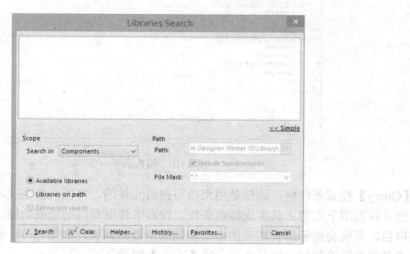

图 3-9 库查找对话框

【Options】选项中有【Search in】和【Search type】下拉菜单,【Search in】用来设定搜索的类型,是搜索【Components】元件、【FootPrints】封装、【3D Models】3D 模型,还是【Database Components】数据库元件;【Search type】则选定是【Advanced】高级搜索还是【Simple】简单搜索,简单搜索只需在搜索条件框中填入搜索的内容,而高级搜索可以输入搜索条件表达式,还可以通过【Helper】搜索帮助器来生成帮助条件。

【Scope】设定搜索的范围,可以选择【Available Libraries】选项,当前加载的元件库;【Libraries on path】在右边指定的搜索路径中;【Refine last search】在上次搜索的结果中搜索。

【Path】设定搜索的路径,只有选择【Libraries on path】在指定路径中搜索后才需要设置此项。通常将设置为"C:\Documents and Settings\All Users\Documents\Altium\AD10\Library\",即 Altium Designer 10.0 的默认库文件夹。【Include Subdirectories】是指在搜索过程中还要搜索子文件夹。"File Mask"文件过滤用来设定搜索的文件类型,可以设定为"*.PcbLib"PCB 封装库文件、"*.SchLib"原理图元件库文件"或是"*.*"所有文件等

【Search】查找按钮是开始搜索,设置好搜索条件后,单击【Search】按钮,系统将关闭元件搜索对话框,并在【Libraries】面板中显示搜索的结果。

【Clear】清除按钮是清空搜索条件框中的搜索条件,以便进行下一次全新的搜索。

【Helper】搜索助手,单击该按钮将打开图 3-10 所示的【搜索助手】对话框。搜索助手是用来辅助生成搜索条件的,同样也由若干个部分组成。

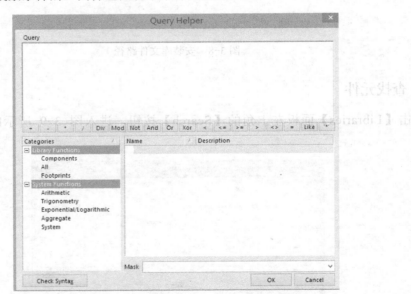

图 3-10 搜索助手

【Query】搜索条件框:该框是用来填写搜索元件的,可以直接在文本框中填入搜索的条件,也可以利用下面的工具生成搜索条件。搜索条件框有自动完成功能,当输入某条命令的首字母后,系统会提示所有相关的命令和辅助函数的列表,如图 3-11 所示,可以利用鼠标选择或者将光标移到相应的命令上后按【Enter】键确认。

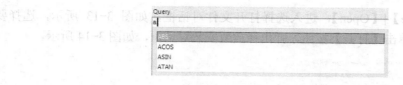

图 3-11 搜索条件框

【逻辑关系式】：搜索条件框下面是一排逻辑关系式按钮，该排按钮包括了常见的逻辑关系式，同计算器一样，使用时只需单击就可以选择，十分方便。

【Categories】搜索项目：搜索项目列表框中包括【Library Functions】和【System Functions】两个分类。【Library Functions】元件库函数提供了【Components】元件、【All】全部和【FootPrints】封装三大搜索项目，单击某一项目右侧会列出该项目的详细信息；【System Functions】系统函数则提供了搜索常用的表达式和数学函数。

【搜索表达式】：由上面的介绍可以看出 Altium Designer 的搜索条件编辑既包含了元件的属性，还包括各种逻辑表达式和数学函数，如同一门编程语言般非常复杂。其实在绝大部分应用中并不需要这些复杂的条件编写。只需要记住基本的搜索表达式：例如，要搜索单片机 89C51 但是并不知道该元件在哪个元件库中，可以在搜索条件框中输入：（Name like '*89c51*'）or（Description like '*89c51*'）

3.2 原理图库文件设计

3.2.1 新建与打开元器件原理图库文件

在这里我们通过新建一个元器件原理图库文件来启动元器件原理图编辑环境。执行菜单命令【File】|【New】|【Library】|【Schematic Library】，系统生成一个原理图库文件，默认名称为"Schlib1.lib"，同时启动原理图库文件编辑器，如图 3-12 所示，请读者将该库文件保存为"DSP.SchLib"。

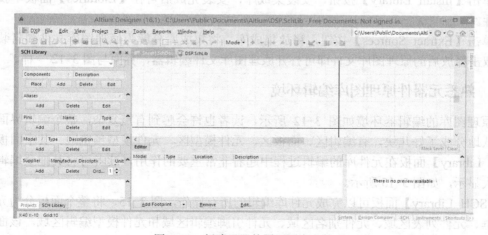

图 3-12 新建元器件原理图库文件

当然，读者也可以通过打开现有的集成块文件来打开元件库编辑器。

执行菜单命令【File】|【Open】，进入选择打开文件对话框，如图 3-13 所示，选择要打开的集成库文件名。单击【打开】按钮，弹出释放或安装对话框，如图 3-14 所示。

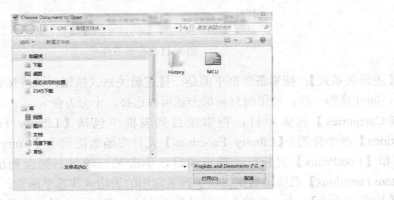

图 3-13　打开文件

图 3-14　弹出释放或安装对话框

单击【Install Library】按钮，安装集成库，安装完成后可在【Libraries】面板中找到该库文件。

单击【Extract Sources】按钮，释放集成库，将集成库分解为原理图库文件和封装库文件，双击释放后的原理图库文件即可打开原理图库文件编辑器，界面与图 3-12 一样。

3.2.2　熟悉元器件原理图库编辑环境

原理图库的编辑器环境如图 3-12 所示，读者也许会感到有点复杂，整个编辑界面被横七竖八地分成了好几块，有编辑区、面板区、元件模型区、元件模型预览区。其中面板区的【SCH Library】面板在元件库的编辑过程中起着非常重要的作用，读者可将其拖至编辑区中央放大显示，如图 3-15 所示。

【SCH Library】面板可以完成元件库编辑的所有操作，图 3-15，将整个面板分为元件库列表框、元件列表区域、元件别名区域、元件引脚编辑区域和元件模型编辑区域，该面板的具体应用会在下面的章节中逐步讲解。

熟悉了【SCH Library】面板后我们再来介绍 Altium Designer 元件库编辑环境的常用的

菜单命令。元件库编辑环境的菜单命令与原理图编辑环境类似，元件库模型的编辑仅会用到图形编辑功能和相应的引脚设置功能，下面来简单介绍。

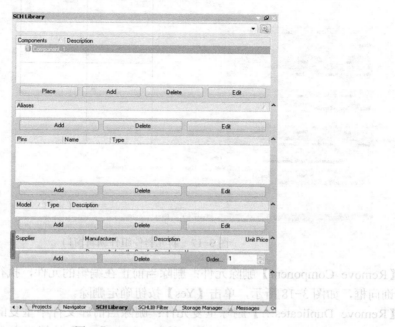

图 3-15　SCH Library 面板

原理图库编辑环境下任务栏【Tools】相关菜单命令如下。

元件库编辑环境中【Tools】菜单如图 3-16 所示，下面来简单介绍各命令的应用。

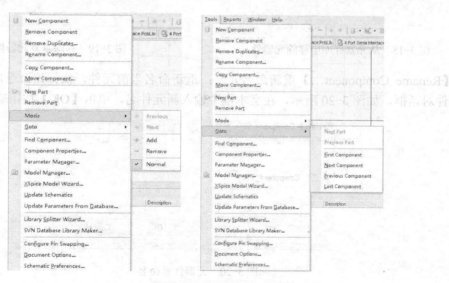

图 3-16　任务栏【Tools】命令中模式调整

【New Component】新建元件：创建一个新元件，执行该命令后，编辑窗口被设置为初始的十字线窗口，在此窗口中放置组件开始创建新元件，如图 3-17 所示。

33

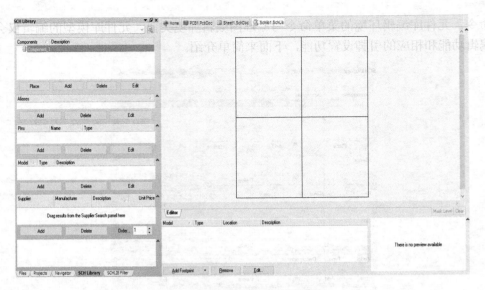

图 3-17　新元器件组件编辑窗口

【Remove Component】删除元件：删除当前正在编辑的元件，执行该命令后出现删除的元件询问框，如图 3-18 所示，单击【Yes】按钮确定删除。

【Remove Duplicates…】删除重复元件：删除当前库文件中重复的元件，执行该命令后出现删除重复元件的询问框，如图 3-19 所示，单击【Yes】按钮确定删除。

图 3-18　从元器件库中移除元器件　　　　　图 3-19　移除重复元器件

【Rename Component…】重新命名元件：重新命名当前元件，执行该命令后出现重新命名元件对话框，如图 3-20 所示，在文本框中输入新元件名，单击【OK】按钮确定。

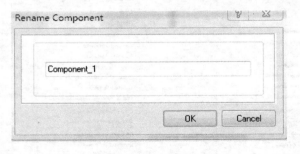

图 3-20　元器件重命名

【Copy Component…】复制元件：将当前元件复制到指定元件库中，执行该命令后出现目标库选择对话框，如图 3-21 所示，在文本框中输入新元件名。选择目标元件库文件，单击【OK】按钮确定，或者直接双击目标元件库文件，即可将当前元件复制到目标库文件中。

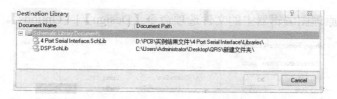

图 3-22　复制元器件到目标库文件

【Move Component...】移动元件：将当前元件移动到指定的元件库中，执行该命令后出现目标选择对话框，如图 3-22 一样。选择目标元件库文件，单击【OK】按钮确定，或者直接双击目标元件库文件，即可将当前元件复制到目标库文件中，同时弹出删除源库文件当前元件确认框，如图 3-22 所示。单击【Yes】按钮确定删除，单击【No】按钮保留。

【New Part】添加子件：当创建多子件元件时，该命令用来增加子件，执行该命令后开始绘制元件的新子件。

【Remove Part】删除子件：删除多子件元件中的子件。

【Mode】选择元件的模式：具有指向前一个、后一个、增加或删除等功能，如图 3-23 所示。

图 3-22　移动元器件　　　　　　　图 3-23　任务栏【Tools】中元器件模式

【Goto】定位指针：快速定位对象。子菜单中包含功能命令，如图 3-24 所示。

【Find Component...】查找元器件命令：启动元件检索对话框【Libraries Search】。该功能与原理图编辑器中的元件检索相同。

【Update Schematics】更新原理图：将库文件编辑器对元件所做修改，更新到打开的原理图中。执行该命令后出现信息对话框，如果所编辑修改的元件在打开的原理图中未用到或没有打开的原理图，出现信息框如图 3-25 所示；如果编辑修改的元件在打开的原理图中用到，则出现相应的确认信息框，单击【OK】按钮，原理图中对应元件将被更新。

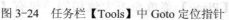　　　　　　　　

图 3-24　任务栏【Tools】中 Goto 定位指针　　　图 3-25　原理图库更新到原理图信息提示

【Schematics Preferences...】系统参数设置命令。

【Document Options...】文件选项：打开库文件编辑器工作环境设置对话框，如图 3-26

所示。其功能类似原理图编辑器中的文件选项命令【Design】|【Options】。

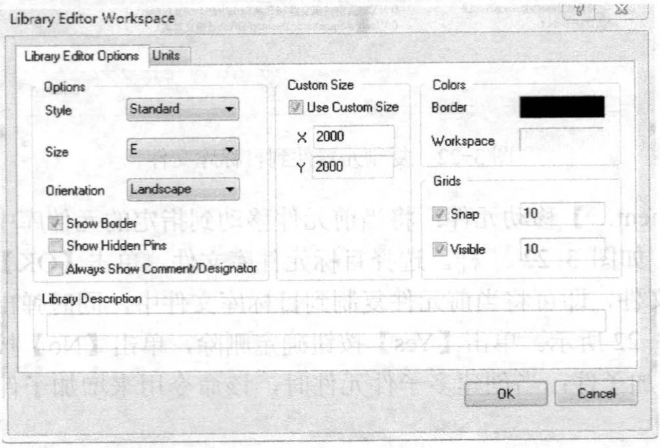

图 3-26 原理图库编辑工作区

【Component Properties】元件属性设置：编辑修改元件的属性参数。如图 3-27 所示，在此可对库文件中的元件属性进行详细的设置。

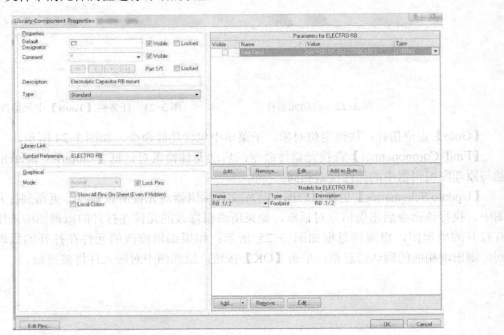

图 3-27 元器件属性对话框

【Place】相关菜单命令如下。

【Place】菜单命令与原理图编辑环境中的【Place】菜单命令大致相同，仅有【IEEE Symbols】和【Pin】引脚设置是元件库编辑环境中所独有的，【Place】菜单命令如图 3-28 所示。

图 3-28 IEEE Symbols Pin 脚

【IEEE Symbols】命令：放置 IEEE 电气符号命令与元件放置相似。在库文件编辑器中所有符号放置时，按空格键旋转角度和按【X】、【Y】键镜像翻转的功能均有效。

【Pin】引脚放置命令：顾名思义，该命令就是放置元件模块中的引脚，执行该命令后，出现十字光标并带有元件的引脚。该命令可以连续放置元件的引脚，引脚编号自动递增，放置引脚时按【Tab】键或双击放置好的引脚，可进入元件引脚属性设置对话框，如图 3-29 所示，元件引脚属性具体内容将在下一节进行详细介绍。

【Reports】相关菜单命令元件库编辑环境中的【Reports】菜单如图 3-30 所示，下面简要介绍各命令的应用。

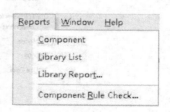

图 3-29 引脚属性对话框   图 3-30 菜单栏 Reports 命令

【Component】元件报表:生成当前文件的报表文件。执行该命令后,系统建立元件报表文件。报表中将提供元件的相关参数,如元件名称、组件等信息。

【Library List】元件库列表报告:生成当前元件库的列表文件,内容有元件总数、元件名称和简单描述。执行该命令后,系统建立元件库列表,如图3-31所示。

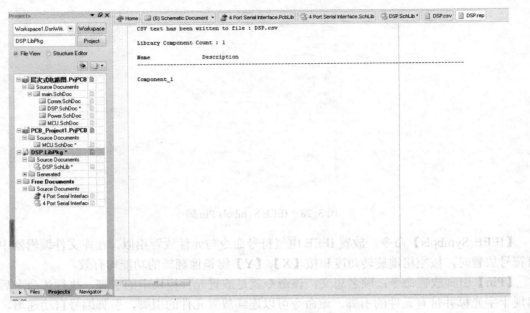

图3-31 系统生成的元器件库报表

【Library Report...】元件库报告:执行后打开元件库报告设置对话框,如图3-32所示,下面简单介绍各选项的含义。

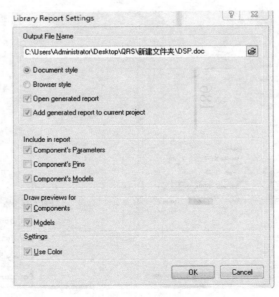

图3-32 元器件库报表属性设置

【Output File Name】区域命令如下。

【Output File Name】：存储路径文本框设置存储路径和报告名称。

【Document style】：输出报告为文件类型（*.DOC）。

【Browser style】：输出报告为浏览器网页文件类型（*.Html）。

【Open generated report】：打开生成报告文件。

【Add generated report to current project】：将生成的报告文件添加到项目中。

【Include in report】区域，选择报告包含内容选项，内容如下。

【Component's Parameters】：元件参数。

【Component's Pins】：元件引脚参数。

【Component's Models】：元件的模型参数。

【Draw previews for】区域，选择预览选项，内容如下。

【Components】：元件预览。

【Models】：模型预览。

【Settings】区域内容如下。

勾选【Use Color】选项时，报告使用不同颜色区分参数类型。设置完毕后单击【OK】按钮，系统生成元件库报告，元件库的具体内容如图 3-33 所示。

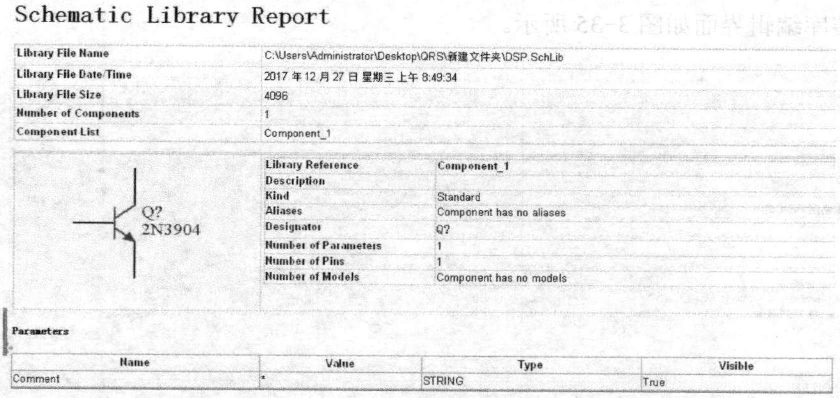

Schematic Library Report

Library File Name	C:\Users\Administrator\Desktop\QRS\新建文件夹\DSP.SchLib
Library File Date/Time	2017 年 12 月 27 日 星期三 上午 8:49:34
Library File Size	4096
Number of Components	1
Component List	Component_1

Library Reference	Component_1
Description	
Kind	Standard
Aliases	Component has no aliases
Designator	Q?
Number of Parameters	1
Number of Pins	1
Number of Models	Component has no models

Parameters

Name	Value	Type	Visible
Comment	*	STRING	True

图 3-33　原理图库报表

【Component Rule Check...】元件库报告：执行后打开库文件规则检查选择对话框，如图 3-34 所示。单击【OK】按钮则系统开始对元件库里面所有的元器件进行设计规则检查，并生成相应的检查报告。

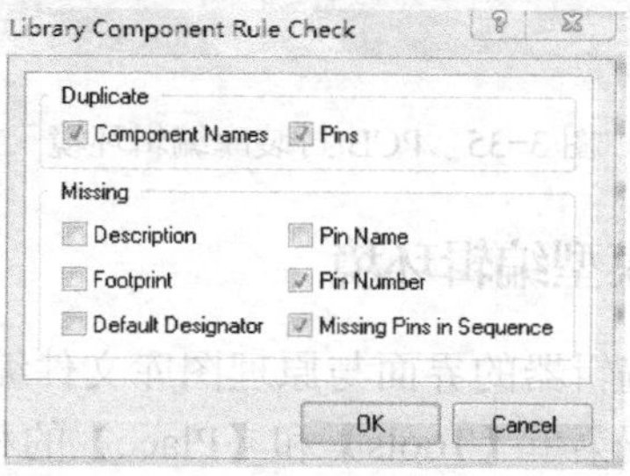

图 3-34　元器件库规则检查

3.3 PCB 库文件设计

3.3.1 Altium Designer 的 PCB 封装库编辑环境

Altium Designer 提供了 863 个 PCB 封装库供用户调用，但是随着电子工业的飞速发展，新型的元器件的封装形式层出无穷，元器件 PCB 封装库仍然不够用，因此，学会自己设计元件的封装是电子工程师的必修课。Altium Designer 为用户提供了强大的 PCB 封装设计系统，在这里将引导读者一步步建立"TMS320F2812"的 PCB 封装模型。

3.3.2 新建与打开元器件 PCB 封装库文件

读者可以通过新建 PCB 封装库文件或是打开现有的 PCB 封装库文件来启动 PCB 封装设计系统。

创建一个新的 PCB 封装库文件：执行菜单命令【File】|【New】|【Library】|【PCB Library】，系统将新建一个 PCB 封装库，将其改名存储为"DSP.PcbLib"。

打开一个 PCB 库文件：执行菜单【File】|【Open】，进入选择打开文件对话框，单击【打开】按钮，进入 PCB 封装库编辑器，同时编辑器窗口显示库文件中的第一个封装。打开的 PCB 封装库编辑界面如图 3-35 所示。

图 3-35 PCB 封装库编辑环境

3.3.3 熟悉元件 PCB 封装模型编辑环境

元器件 PCB 封装库文件编辑器的界面与原理图库文件编辑器的界面大同小异，提供的功能菜单也类似，现在简单介绍菜单【Tools】和【Place】的相关命令。

【Tools】菜单提供了 PCB 库文件编辑器所使用的工具，包括新建、属性设置、元件浏览、元件放置等，如图 3-36 所示。

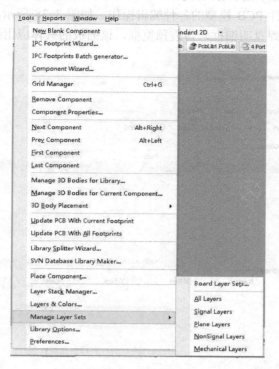

图 3-36　PCB 封装库菜单栏 Tools

【Place】菜单中提供了创建一个新元件封装时所需的对象件，如焊盘、过孔等，如图 3-37 所示。

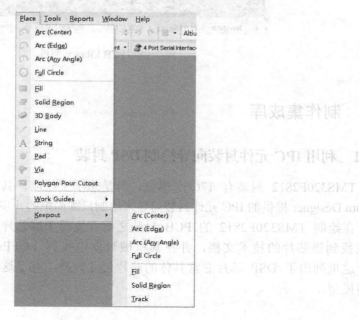

图 3-37　对象件

与元器件的原理图库编辑系统类似，PCB 封装模型编辑器同样提供了一个【PCB Library】面板来实现元件 PCB 模型的各种编辑操作。如图 3-38 所示，整个面板可分为筛选框、封装列表框、封装焊盘明细框、封装预览框，该面板的具体应用会在下面元件封装的绘制过程中逐步讲解。

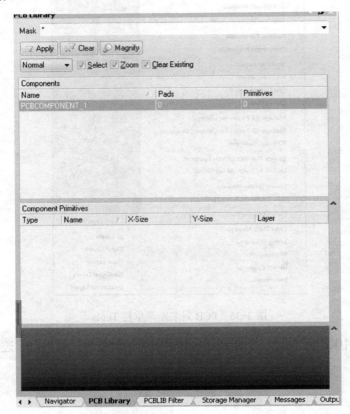

图 3-38　PCB Library 面板

3.4　制作集成库

3.4.1　利用 IPC 元件封装向导绘制 DSP 封装

TMS320F2812 封装有 176 个焊盘，若是想手工绘制，其工程量可想而知，但是利用 Altium Designer 提供的 IPC 元件封装向导来绘制只需简单的几步，而且精度高。

在绘制 TMS320F2812 的 PCB 封装之前首先得了解芯片的具体尺寸，可以通过网络下载找到该芯片的技术文档，并在其机械数据中找到 LQFPs 封装数据，如图 3-39 所示，这里列出了 DSP 芯片非常具体的芯片尺寸数据，有了这些数据就可以绘制出精确的封装模型。

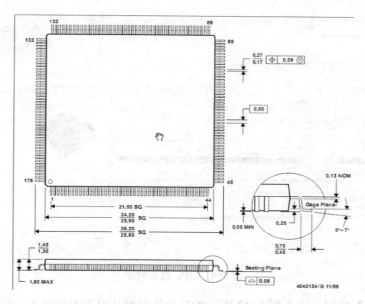

图 3-39　TMS320F2812 的 datasheet 中的封装尺寸

执行菜单命令【Tools】|【IPC Footprint Wizard】,启动 IPC 元件封装向导,如图 3-40 所示。

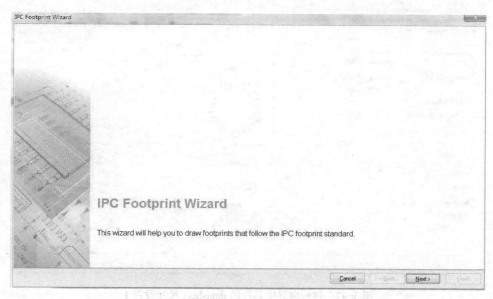

图 3-40　封装向导

单击【Next】按钮,进入图 3-41 所示的选择元件封装类型对话框,选中其中的 PQFP,这是四方形的扁平塑料封装,与 TMS320F2812 的封装类型类似,这也是用得最多的贴片 IC 封装元件,在该对话框的右侧列出了该类元件的介绍和封装模型预览,对话框的下面则提示注意芯片的参数均采用毫米为单位。

43

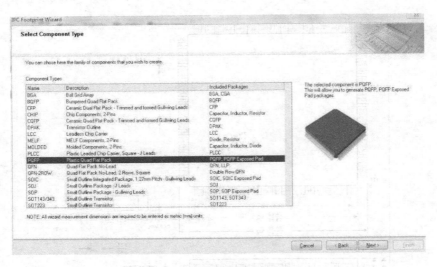

图 3-41　IPC 封装向导

单击【Next】按钮,进入图 3-42 所示的芯片外形尺寸设置对话框 1,在这里设置芯片的外径,根据 datasheet 给出的具体数据,在这里设置长和宽的最小值和最大值分别为 25.8mm 和 26.2mm。

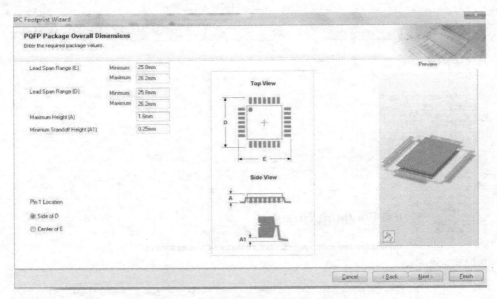

图 3-42　封装向导中芯片的 datasheet 尺寸设置 1

单击【Next】按钮,进入图 3-43 所示的芯片外形尺寸设置对话框 2,在这里设置芯片的内径、引脚的大小、引脚之间的间距以及引脚的数量,参数的具体数值设置与图中一致。当这些具体数据设置完毕后可以看到元件的预览图已经与芯片的外形一样。

单击【Next】按钮,进入图 3-44 所示的导热焊盘设置对话框,这是针对发热量较大的芯片设置的,TMS320F2812 芯片本身并没有导热的焊盘,所以这里不用选择【Add Thermal Pad】选项。

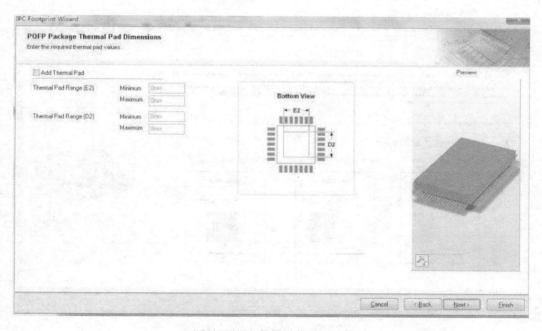

图 3-43 封装向导中芯片的 datasheet 尺寸设置 2

图 3-44 导热焊盘设置

单击【Next】按钮，进入图 3-45 所示的引脚位置设置对话框，这里是设置元件的引脚和元件体之间的距离，系统已经由前面提供的芯片数据计算出了默认数据，读者无须修改。

单击【Next】按钮，进入图 3-46 所示的助焊层尺寸设置对话框，这里是设置元件焊盘的助焊层的尺寸大小，采用系统默认计算数据，并将其中的【Board density Level】选项选取为【Level B-Medium density】，下面列出了尺寸的预览。

45

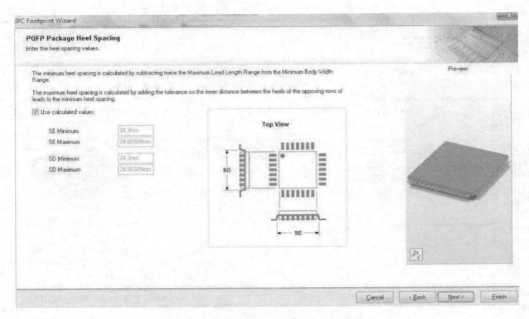

图 3-45 芯片引脚位置设置对话框

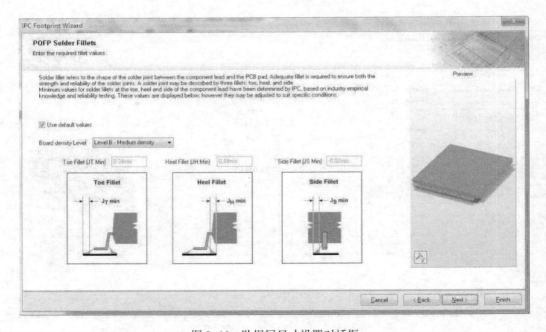

图 3-46 助焊层尺寸设置对话框

单击【Next】按钮，进入图 3-47 所示的元件容差设置对话框，这里设置元件的最大误差，采用系统的默认设置。

单击【Next】按钮，进入图 3-48 所示的芯片封装容差设置对话框，这里设置芯片封装所允许的最大误差，采用系统的默认设置。

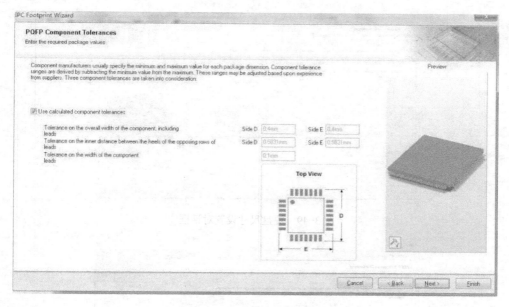

图 3-47　元件容差设置对话框

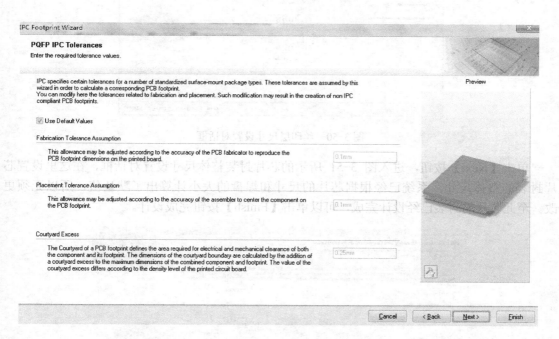

图 3-48　芯片封装容差设置对话框

单击【Next】按钮，进入图 3-49 所示的焊盘尺寸设置对话框，这里设置芯焊盘的尺寸大小，焊盘的尺寸大小值是系统根据芯片的引脚尺寸计算出来的，读者还可以设置焊盘的形状为【Rounded】圆形还是【Rectangular】矩形，这里采用系统的默认设置。

单击【Next】按钮，进入图 3-50 所示的丝印层尺寸设置对话框，在这里设置丝印层印刷的元件的外形的尺寸，选用系统的默认数值。

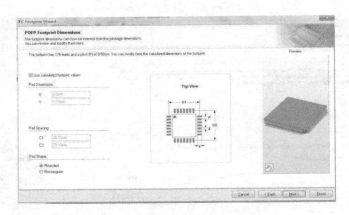

图 3-49 焊盘尺寸设置对话框

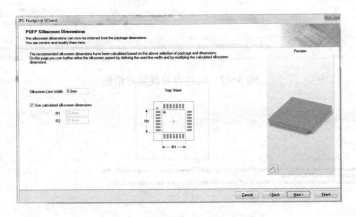

图 3-50 丝印层尺寸设置对话框

单击【Next】按钮，进入图 3-51 所示的芯片封装整体尺寸设置对话框，在这里设置芯片封装的整体尺寸，系统已经根据芯片的尺寸和焊盘的大小计算出了默认值，所以无须更改。至此芯片的封装已经设计完成，可以单击【Finish】按钮完成设计。

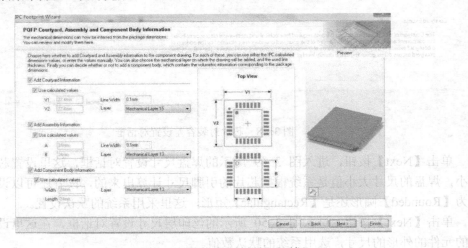

图 3-51 芯片封装整体尺寸设置对话框

单击【Next】按钮，进入图 3-52 所示的元件名称与描述设置对话框，系统已经给出了建议值，读者不需要修改。

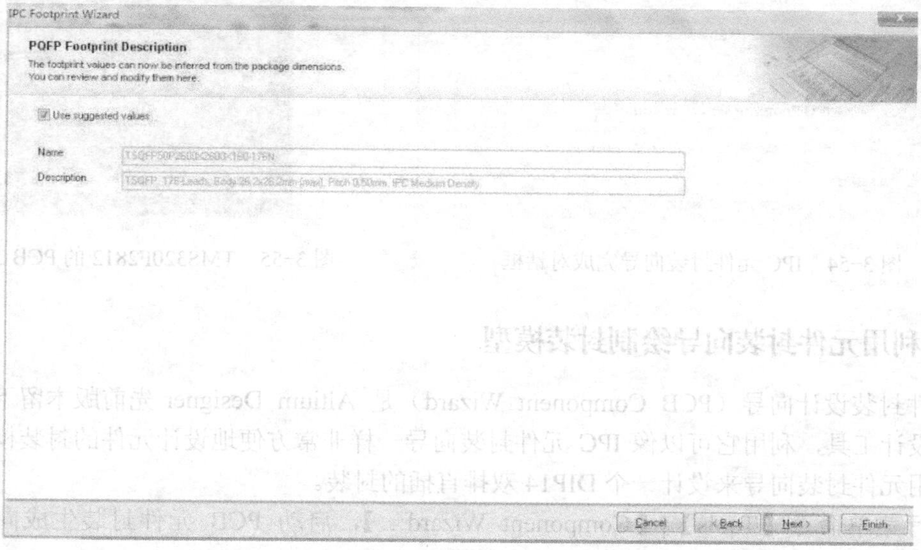

图 3-52　元件名称与描述设置对话框

单击【Next】按钮，进入图 3-53 所示的元件封装存储位置对话框，默认为存储在当前库文件中。

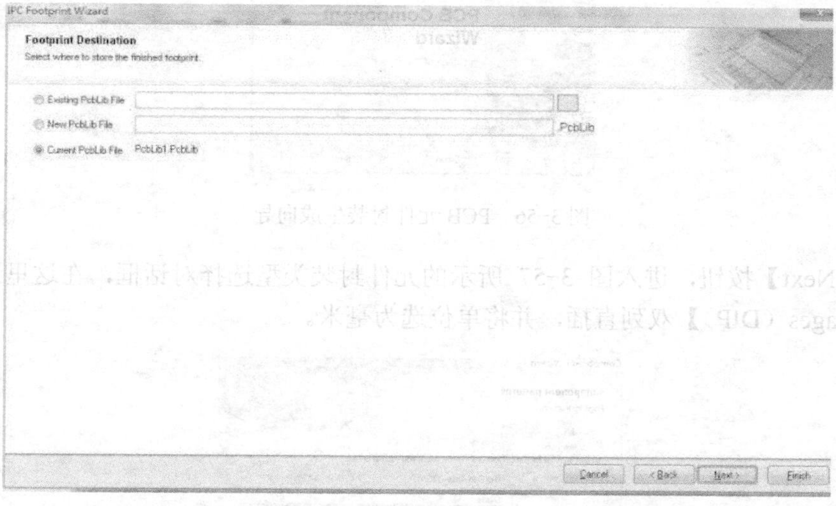

图 3-53　元件封装存储位置对话框

单击【Next】按钮，进入图 3-54 所示的 IPC 元件封装向导完成对话框，单击【Finish】按钮完成元件封装的设计。

设计完成的 TMS320F2812 的 PCB 封装图如图 3-55 所示。有了 IPC 元件封装向导，绘制复杂得多引脚芯片的 PCB 封装模型就变得方便多了。

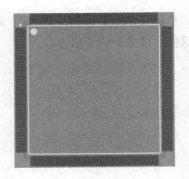

图 3-54 IPC 元件封装向导完成对话框　　图 3-55 TMS320F2812 的 PCB 封装图

3.4.2 利用元件封装向导绘制封装模型

元件封装设计向导（PCB Component Wizard）是 Altium Designer 先前版本留下来的元件封装设计工具，利用它可以像 IPC 元件封装向导一样非常方便地设计元件的封装模型。下面就使用元件封装向导来设计一个 DIP14 双排直插的封装。

执行菜单命令【Tools】|【Component Wizard...】，启动 PCB 元件封装生成向导，如图 3-56 所示。

图 3-56 PCB 元件封装生成向导

单击【Next】按钮，进入图 3-57 所示的元件封装类型选择对话框，在这里选择【Dual In-line Packages（DIP）】双列直插，并将单位选为毫米。

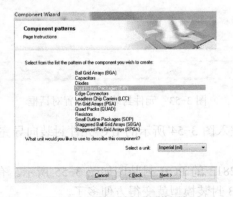

图 3-57 元件封装类型选择

单击【Next】按钮，进入焊盘尺寸设置对话框，如图 3-58，在这里填入合适的焊盘孔径。编辑修改焊盘尺寸时，在相应尺寸上单击，删除原来数据，再添加新数据，单位可以不加。

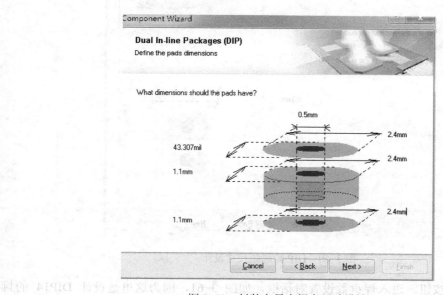

图 3-58　封装向导中焊盘尺寸设计

单击【Next】按钮，进入焊盘位置设置对话框，如图 3-59，在此设置芯片相邻焊盘之间的间距。

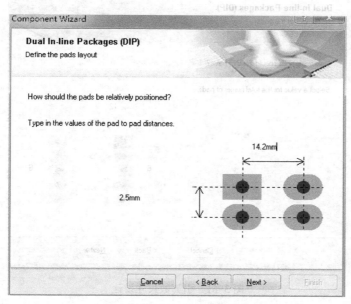

图 3-59　芯片尺寸设计

单击【Next】按钮，进入封装轮廓宽度设置对话框，如图 3-60，这里设置丝印层绘制的元件轮廓线的宽度。

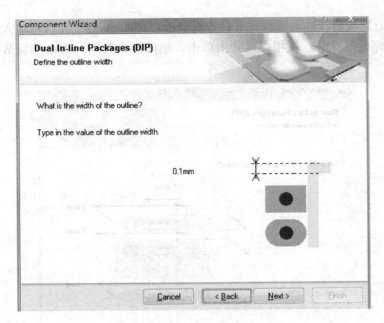

图 3-60　DIP 轮廓线尺寸设计

单击【Next】按钮，进入焊盘数设置对话框，如图 3-61，因为这里是设计 DIP14 的封装，所以焊盘数为 14。

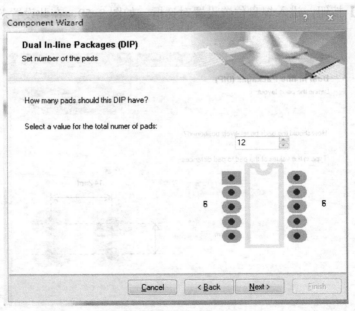

图 3-61　引脚数尺寸设计

单击【Next】按钮，元件名设置对话框，如图 3-62，这里采用系统默认的元件封装名称"DIP12"。

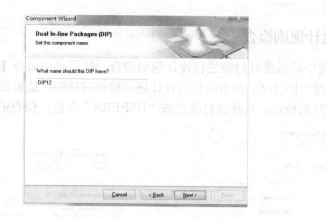

图 3-62　PCB 元器件封装命名

单击【Next】按钮，元件封装绘制结束界面，如图 3-63，单击【Finish】按钮则可完成元件封装的绘制。

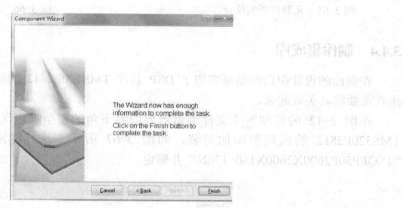

图 3-63　PCB 封装向导完成

绘制完成的 DIP14 封装如图 3-64 所示，需要注意的是，创建的封装中焊盘名称一定要与其对应的原理图元件引脚名称一致，否则封装将无法使用。如果两者不符时，双击焊盘进入焊盘属性设置对话框修改焊盘名称。

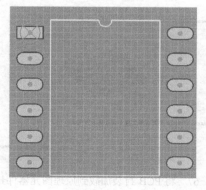

图 3-64　用封装管理器生成的 DIP 封装

53

3.4.3 元件设计规则检查

元件绘制完毕后需要对封装进行设计规则检查，执行菜单命令【Reports】|【Component Rule Check】，弹出图 3-65 所示的封装设计规则检查对话框，选取相应需要检查的项目，单击【OK】按钮开始检查，系统会自动生成"DSP.ERR"文件，检查的结果如图 3-66 所示。

图 3-65 元器件规则检查　　　　　　　　图 3-66 封装检查报告

3.4.4 制作集成库

在前面的设计中已经绘制完毕了 DSP 芯片 TMS320F2812 的原理图模型和 PCB 封装，现在需要将其关联起来。

在图 3-12 的原理图库文件编辑器界面右下角的模型编辑区内双击"Footprint"项为 TMS320F2812 的原理图添加封装，如图 3-67 所示，选择刚刚新建的 DSP 封装模型"TSQFP50P2600X2600X160-176N"并确定。

图 3-67 将 PCB 封装加载到原理图元器件封装

3.4.5 编译集成元件库

执行菜单命令【Project】|【Compile Integrated Library DSP.LibPkg】，对整个集成元件库进行编译，倘若编译错误会在【Message】面板中显示错误信息。

3.4.6 生成原理图模型元件库报表

当绘制完原理图元件库的所有元件模型后可以生成元件库报表，报表里列出了所有元件模型的具体信息，在原理图库编辑环境中执行菜单命令【Reports】|【Library Reports】，弹出图 3-68 所示的元件库报表设置对话框。

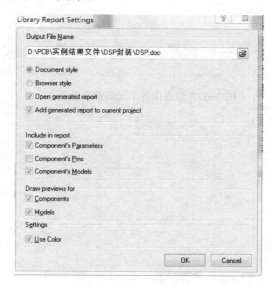

图 3-68　报表属性设置

下面介绍各个参数设置的意义。

【Output File Name】：输出文件的名称。

【Document style】：输出文件的格式，Word 文档格式。

【Browser style】：输出文档格式，网页文件的格式。

【Open generated report】：打开生成的文档。

【Add generated report to current project】：将生成的文档加入到工程中去。

【Include in report】：生成的文档中包含以下内容。

【Component's Parameters】：元件的参数。

【Component's Pins】：元件的引脚。

【Component's Models】：元件的模型。

【Draw previews for】：生成以下预览。

【Components】：原理图元件预览。

【Models】：元件的模型预览。

设置好后单击【OK】按钮系统将生成元件报表并打开，如图 3-69 所示，里面列出了上

55

面设置中所选的相关信息。

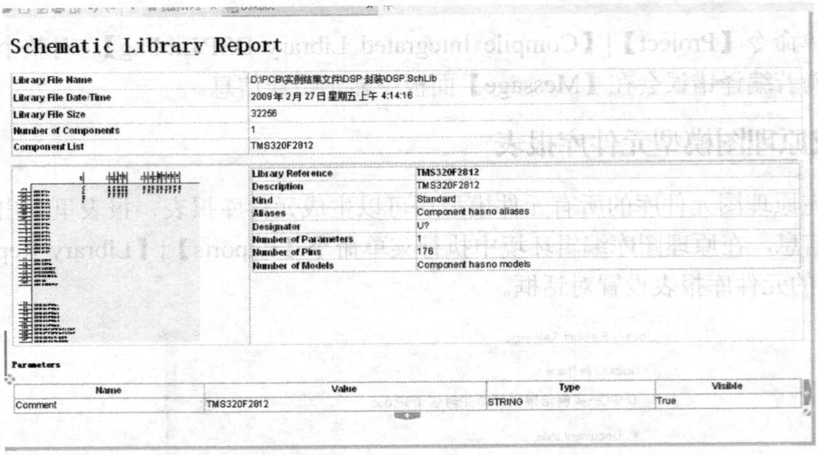

Schematic Library Report

Library File Name	D:\PCB\实例结果文件\DSP 封装\DSP.SchLib
Library File Date/Time	2009年2月27日星期五上午 4:14:16
Library File Size	32256
Number of Components	1
Component List	TMS320F2812

Library Reference	TMS320F2812
Description	TMS320F2812
Kind	Standard
Aliases	Component has no aliases
Designator	U?
Number of Parameters	1
Number of Pins	176
Number of Models	Component has no models

Parameters

Name	Value	Type	Visible
Comment	TMS320F2812	STRING	True

图 3-69　原理图各个元器件参数报表

第 4 章 原理图设计基础

本章主要介绍原理图的开发环境和原理图的设计基础。让读者进一步熟悉 Altium Designer 原理图设计环境。

4.1 Altium Designer 原理图编辑器界面介绍

4.1.1 编辑器环境

原理图的编辑环境整个界面可分为若干个工具栏和面板，下面简介各工具栏和面板的功能，如表 4-1 所示。

表 4-1 面板功能

按钮	功能	按钮	功能
	新建文档		打开文档
	保存文档		打印文档
	打印预览		打开元件视图
	适合文档显示		选择区域放大显示
	适合选择区显示		下划线
	剪切		复制
	粘贴		橡皮图章工具
	选择区域内元件		移动元件
	取消所有选择		清空过滤器
	撤销操作		重新执行
	层次式电路图切换		
	打开元件库浏览器		

标准工具栏（Schematic Standard）：该工具栏提供新建、保存文件、视图调整、器件编辑和选择等功能。

布线工具栏（Wiring）：该工具栏提供了电气布线时常用的工具，包括放置导线、总线、网络标号、层次式原理图设计工具以及和 C 语言的接口等快捷方式，在【Place】菜单中有相对应的命令，如表 4-2 所示。

表 4-2 工具栏符号对照表

按钮	功能	按钮	功能
	放置导线		放置总线
	放置线束		放置总线入口
	放置网络标号		放置地
	放置电源		放置元件
	放置图纸符号		放置图纸入口
	放置元件图纸符号		放置线束连接器
	放置线束入口		放置端口
	放置 No ERC 标志		

实体工具栏（Utilities）：通过该工具栏用户可以方便地放置常见的电器元件、电源和地网络以及一些非电气图形，并可以对器件进行排列等操作。该工具栏的每一个按钮均包含了一组命令，可以单击按钮来查看并选择具体的命令，如表 4-3 所示。

表 4-3 PCB 编辑环境下的工具栏对照表

按钮	功能	按钮	功能
	绘图工具		排列工具
	电源工具		元件放置工具
	仿真工具		网络设置

导航栏（Navigation）：该栏列出了当前活动文档的路径，单击 ⊙ 按钮和 ⊙ 按钮可以在当前打开的所有文档之间进行切换，单击 ⊙ 按钮则打开 Altium Designer 的起始页面。

4.1.2 视图的操作

电路设计时要时常调整原理图的大小以便于设计，Altium Designer 10.0 的视图操作十分方便，可以通过多种方式来查看原理图。

原理图的预览：将鼠标置于工作区上部的文档标签上或是【Projects】面板中相应的文档标签上停留一小段时间便会弹出图 4-1 所示的原理图预览界面。

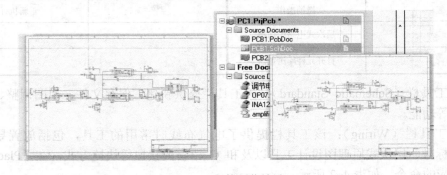

图 4-1 文件预览效果

原理图的移动：鼠标移动原理图功能是 Altium Designer 相对于 Protel 99SE 编辑功能的一个改善，用鼠标右键单击原理图的任意部位并抓住不放直到光标变为"小手"状，这时就可以用鼠标拖动原理图任意移动了，非常方便。

也可以在【Sheet】面板中来移动图纸，单击主界面右侧的【Sheet】弹出式面板标签，这时会弹出图 4-2 所示的设计图纸全图，界面中的方框里的预览正是主界面工作区内所显示的画面，拖动界面中的方框即可让工作区里显示的原理图移动。

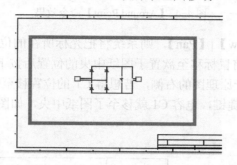

图 4-2 移动图纸

原理图的放大与缩小：选取【View】菜单中的 Zoom In 命令或是使用快捷键【PgUp】来放大视图；选取【View】菜单中的 Zoom Out 命令或是使用快捷键【PgDn】来缩小视图。

适合文档：选择【View】|【Fit Document】，则整个图纸完全显示在窗口中，该命令有利于设计者查看整张图纸的布局，但当图纸较大时很难看到电路的细节。

适合所有器件：选择【View】|【Fit All Objects】或是单击工具栏的按钮，则设计图中的元器件刚好全部显示在窗口中，而不是像【Fit Document】那样整张图纸全部显示。

适合所有选中器件：选择【View】|【Selected Objects】，或是单击工具栏的按钮，则原理图中处于选中状态的器件将布满整个窗口显示，与【Fit All Objects】不同点在于【Fit All Objects】显示所有器件，而【Selected Objects】仅铺满显示选中的器件。

区域显示：执行【View】|【Area】命令，或是单击工具栏的按钮，则光标变成十字状，在图纸上选取一个矩形区域，该矩形区域即被放大布满整个窗口，该命令在查看原理图的细节时非常有用。

以点为中心显示：执行【View】|【Around Point】命令，画出一个矩形区域，该区域即被填充布满整个窗口。该命令与【Area】命令不同点在于，【Area】选取区域时为矩形区域的两个对角点，而【Around Point】命令则为矩形区域的中点和一个角点。【Area】命令和【Around Point】命令的效果如图 4-3 和图 4-4 所示。

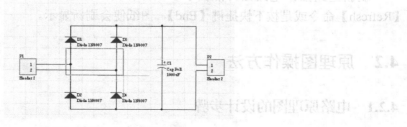

图 4-3 【Area】命令效果

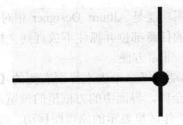

图 4-4 【Around Point】命令效果

摇景显示：选择【View】|【Pan】，则系统将把光标所在的位置移至绘图区中央重新显示图纸，实际应用中则是将鼠标移至欲置于图纸中央的位置后按下键盘快捷键【Home】。如图 4-5 所示，电容 C1 处于原理图的右侧，若想将 C1 的位置移至中央，只需将鼠标移至 C1 上，然后按下【Home】快捷键，电容 C1 就移至了图纸中央，如图 4-6 所示。

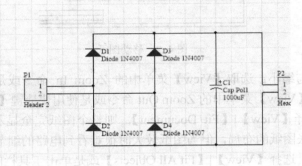

图 4-5 【Home】键前

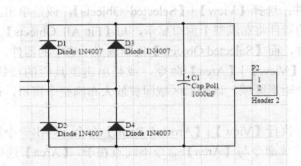

图 4-6 【Home】键后

刷新电路图：电路图可能由于多次操作而产生重叠的幻影，这时只需执行【View】|【Refresh】命令或是按下快捷键【End】，图纸便会刷新显示。

4.2 原理图操作方法

4.2.1 电路原理图的设计步骤

电路原理图的设计步骤如下：

1）新建原理图：创建一个新的电路原理图文件。
2）页面设置：根据原理图的大小来设置图纸的大小。
3）载入元器件库：将电路图设计中需要的所有元器件的 Altium Designer 库文件载入内存。
4）放置元器件：将相关的元器件放置到图纸上。
5）调整元器件的位置：根据设计需要调整位置，便于布线和阅读。
6）调整元器件的位置电气连线：利用导线和网络标号确定器件的电气关系。
7）添加说明信息：在原理图中必要的地方添加说明信息，便于阅读。
8）检查原理图：利用 Altium Designer 提供的校验工具对原理图进行检查，保证设计准确无误。
9）输出：打印输出电路原理图或是输出相应的报表。

4.2.2 创建新的原理图设计文档

通过【File】菜单建立一个新的原理图文档：在【File】菜单中选择【New】|【Schematic】建立一个新的文档，如图 4-7 所示。

通过【File】面板建立一个新的原理图文档：在标签式面板栏的【File】面板中直接选择【Schematic Sheet】创建新的文档，如图 4-8 所示。

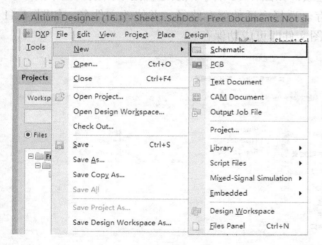
图 4-7 新建原理图文档

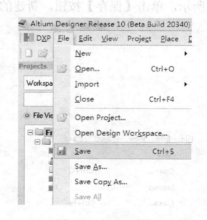
图 4-8 保存文档

4.2.3 打开已有的原理图

打开现有的原理图文档可在【File】菜单中选择【Open】命令，弹出【选择文件】对话框，选择其中的"SchDoc"文件并双击即可。或也可在【File】菜单中选择【Recent Documents】选项，在弹出来的菜单中选择相对应的最近打开文件，如图 4-9 所示。

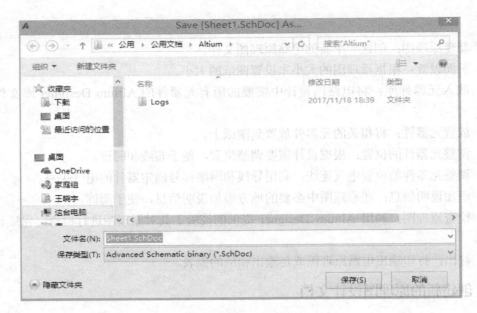

图 4-9　保存原理图文档

4.2.4　原理图的保存

打开【File】菜单，选中【Save】选项，如图 4-10 所示，或是直接单击菜单栏中的 图标，或使用【Ctrl+S】快捷键，即可保存。选择合适的保存路径，并修改文件名，如图 4-11 所示，单击【保存】按钮，新建的原理图文件即可成功保存。

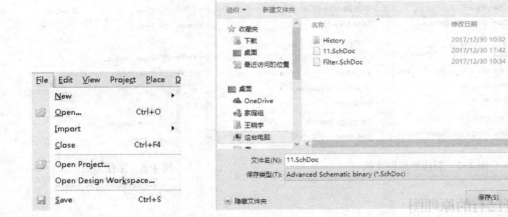

图 4-10　通过任务菜单栏保存　　　　　　　图 4-11　保存路径设置

4.2.5　工程的管理

在 Altium Designer 中，项目管理是以工程文件的形式组织设计文件的。与 Protel 99SE

采用单一的压缩数据库文件（DDB）不同，Altium Designer 的工程由若干个设计文件组成，单个的设计文件可以单独打开，并且可以从属于不同的工程项目。工程文件中包含了指向组成该工程的各设计文件的信息以及工程的整体信息。

当打开一个工程项目时，在工程面板中会以文件树的形式显示该工程的结构，包括该工程的组成设计文件和元件库信息等。

由于单个的设计文件里面并不包含所属工程的信息，所以当打开单个设计文档时，该文档以 Free Documents 的形式出现，如图 4-12 所示。

一个完整的工程项目必须包含一个工程文件和多个设计文件。新建工程与新建原理图设计文档类似，在【File】|【New】|【Project】菜单栏中选择【PCB Project】就建立了一个空的工程项目，空的工程如图 4-13 所示，里面并不包含任何设计文档。

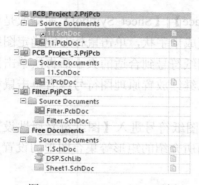

图 4-12　Free Document 示例

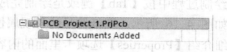

图 4-13　没有设计文档的工程文件

可以向工程中添加新的设计文档或是将现成的设计好的文档添加到工程中去，在工程面板中右键单击工程名，弹出图 4-14 所示的菜单，单击【Add New to Project】选项来添加新的设计文档或是单击【Add Existing to Project】选项将设计好的文档添加到工程中。

设计文档可以从工程目录中删除掉，右键单击需要删除的设计文档，弹出图 4-15 所示菜单，从中选择【Remove from Project】将文档从工程中删除掉，需要注意的是此时仅仅是将设计文档从工程目录中删除，而不是将实际的文件删除，实际的文档则变成了"Free Document"。

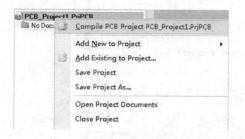

图 4-14　在工程中添加设计文件

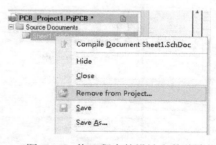

图 4-15　将工程中的设计文件移除

4.3　层次设计

层次式电路原理图和用原理图连接器连接的多电路原理图设计类似，也是将复杂的电路

63

分成若干个小的部分分别绘制，但是层次式原理图，可读性更强。层次式原理图设计可被看作是逻辑方块图之间的层次结构设计，大致可以将层次式原理图分为层次式母图和层次式子图，层次式母图中电路由若干个图纸符号电气连接构成，而各个图纸符号都连接到不同的层次式子图。层次式子图就是各功能原理图，由具体的元件电气连接构成，然后封装成图纸符号并加上图纸层次式母图中显示。

在具体的设计层次式原理图之前，先介绍一下层次式电路原理图设计所必须的图纸符号，以及用来形成电气连接的图纸入口和端口。

4.3.1 图纸符号及其入口及端口的操作

（1）绘制图纸符号及其属性设置

图纸符号代表一个世纪的电路原理图，执行【Place】|【Sheet Symbol】命令或是单击工具栏的 按钮进入图纸符号绘制状态。此时光标变成十字状，单击鼠标左键确定图纸符号对角线的第一个点，然后移动鼠标拖出一个矩形的图纸符号到合适的大小后再次单击鼠标左键确认。至此，一个原理图符号就设置完成了，可以继续放置原理图符号或者单击鼠标右键结束放置状态。

在绘制过程中按【Tab】键或是绘制完成后双击图纸符号进入【图纸符号属性设置】对话框，如图 4-16 所示。图纸符号的外观属性与前面所介绍的矩形等集合图形的设置类似，下面详细介绍【Properties】选项卡里面的内容。

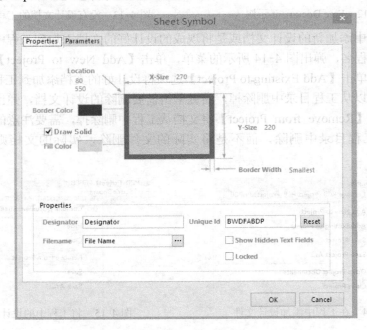

图 4-16 图纸符号放置属性设置对话框

图 4-16 中的【Designator】标号：图纸符号的标号与原件的标号同样是唯一的，可以设置为对应电路原理图的文件名，便于理解。

图 4-16 中的【Filename】文件名：图纸符号所对应的电路原理图的文件名，这一属性是原理图符号最重要的属性，可以在后面的文本框中填入原理图文件名，或是单击【…】按钮在弹出的【引用文件选择】对话框中选择对应的原理图文件。如图 4-17 所示，该对话框中列出了当前工程文件中所有可供使用的原理图文件，需注意的是，这里的元件名并不支持中文。

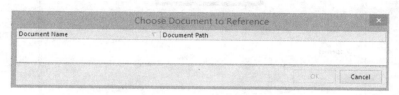

图 4-17 引用文件选择对话框

【Unique Id】ID 号：该编号由系统自动产生，不用修改。
【Show Hidden Text Fields】显示隐藏文本：显示隐藏的文字字段。
【Locked】锁定：锁定该原理图符号，防止错误修改。

（2）放置图纸入口及其属性设置

图纸符号之间的电气连接通过图纸入口来完成，图纸入口是以图纸符号为载体的，因此，只有在绘制好图纸符号之后才能在图纸符号上面放置图纸入口。

执行菜单栏的【Place】|【Add Sheet Entry】命令或是单击工具栏的按钮进入图纸入口放置状态，此时，光标会成为十字状并附带着一个图纸入口符号，如图 4-18 所示，此时，图纸符号呈暗灰色显示是因为图纸入口处于图纸符号之外，还没有进入其作用区域。当光标移至图纸符号之内后，图纸符号会自动黏附到图纸符号的四壁，选择合适的位置，单击鼠标左键固定图纸入口符号。

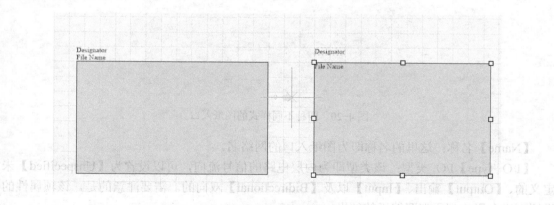

图 4-18 在两图纸符号间放置连接入口

在图纸入口的放置过程中按下【Tab】键或是双击放置好的图纸入口进入图纸入口的属性设置，如图 4-19 所示，下面对图纸入口的主要属性设置进行详细介绍。

【Side】靠边：即图纸入口符号所在的位置，可以选择为【Left】靠左、【Right】靠右、【Top】靠上和【Bottom】靠下。

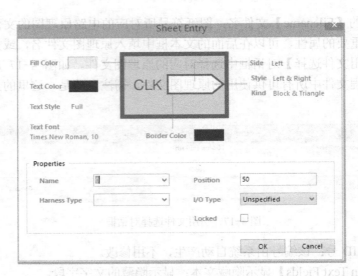

图 4-19 图纸入口属性设置

【Style】样式：该选项用来设置图纸入口处在不同位置时的箭头方向。

【Kind】种类：Altium Designer 提供了四种箭头的种类，【Block&Triangle】方块加三角形、【Triangle】三角形、【Arrow】箭头状、【Arrow Tail】带箭尾的箭头。四种样式分别如图 4-20 所示。

图 4-20 四种不同样式的图纸入口

【Name】名称：这里的名称即为图纸入口的网络名。

【I/O Type】I/O 类型：该类型即为内层电路的信号流向，可以设置为【Unspecified】未定义的、【Output】输出、【Input】以及【Bidirectional】双向的。需要注意的是，该项属性的设置不当会影响到原理图编译的结果。

（3）放置端口及其属性设置

与图纸入口相对应的就是端口，图纸入口只是图纸符号与外部电路的接口，图纸符号要与其对应的电路原理图产生联系就必须通过"Port"端口。

执行【Place】|【Port】命令或是单击工具栏的 按钮进入电路原理图端口放置状态，此时，十字星的光标黏附了一个端口符号，移到合适的位置后单击鼠标左键确认端口的一个端点，然后拖动鼠标改变端口的长度，再次单击鼠标左键就能完成端口的绘

制,如图 4-21 所示。

图 4-21 Port 电路端口调用

绘制过程中按下【Tab】键或是双击放置完成的端口,弹出图 4-22 所示的端口属性设置对话框,端口属性设置有【Properties】图形和【Parameters】参数设置两个选项卡,大部分参数和前面所介绍的其他图件设置类似,这次仅介绍几个重要的属性。

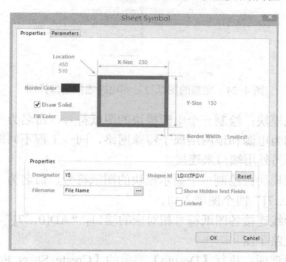

图 4-22 Port 端口属性设置

【Alignment】对齐方式:设置端口里面的文字的对齐方式,可以设置"Center"居中、"Left"居左或"Right"居右对齐,如图 4-23 所示。

图 4-23 Port 端口的对齐方式

【Style】样式:样式与图纸入口的样式一样,用来设置端口箭头的方向。
【Name】名称:端口所连接的网络名,通常端口的名称与图纸入口的名称一致。
【I/O Type】I/O 类型:该类型描述了电路的信号流向,可以设置为【Unspecified】未定义的、【Output】输出、【Input】输入以及【Bidirectional】双向的。

(4) 绘制层次式电路母图

创建新的电路原理图工程,命名为"层次式电路图.PrjPCB",并添加原理图文件"main.SchDoc"用来绘制层次式母图。

添加单片机系统功能模块:按照前面所介绍的方法绘制一个图纸符号,命名为"MCU",并添加显示模块接口"Y5""Y6""Y7""AD{0***7}"和通信模块接口"T1IN"

67

"R1OUT""Bell",端口"I/O Style"请按照图 4-24 所示的示例进行设置。

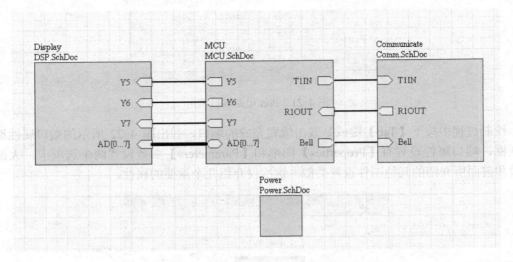

图 4-24 完整的图纸符号和电路连接端口样图

添加电源系统功能模块：绘制一个电源模块的图纸符号，命名为"Power"，该模块中不需要添加图纸入口，因为电源和地网络属于特殊网络，同一工程不同图纸中的电源和地在电气上是相连的，不需要另外用端口来连接。

添加显示系统功能模块：绘制一个显示模块的图纸符号，命名为"DSP"，并添加"Y5""Y6""Y7"和"AD[0…7]"四个图纸入口。

电气连线：绘制导线连接各图纸符号相对应的端口，"AD[0…7]"之间采用总线连接。

(5) 绘制层次式电路子图

由图纸符号生成原理图：执行【Design】菜单的【Create Sheet Form Sheet Symbol】命令，光标变成十字标，将光标移至名称为"DSP"的图纸符号上单击确认，系统会自动建立一个"DSP.SchDoc"的原理图文件，并且会生成与图纸入口相对应的端口，如图 4-25 所示。

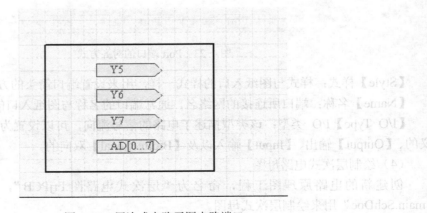

图 4-25 层次式电路子图电路端口

绘制显示电路子图：将前面所绘制的单片机控制实时时钟显示系统的数码管显示部分复

68

制到原理图中来,并调整端口的位置,使原理图布局合理,如图 4-26 所示。

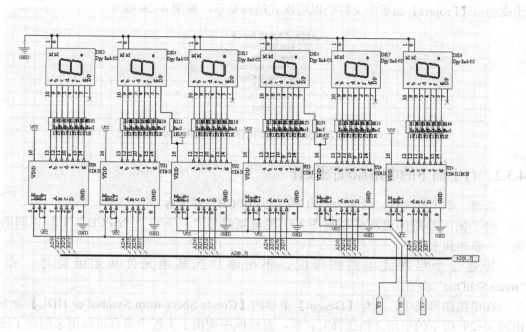

图 4-26 利用电路端口符号布局层次式电路图

绘制其他部分的层次电路子图:单片机系统部分、通信部分和电源部分的层次式子图,如图 4-27 所示。

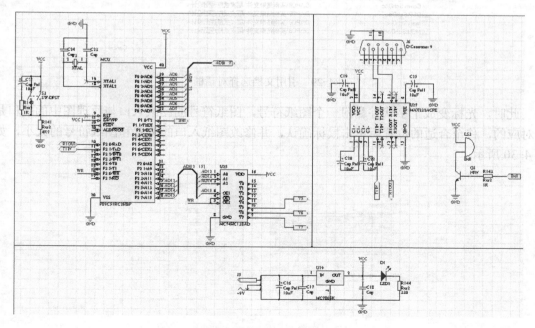

图 4-27 利用电路端口符号连接的电路子图

编译层次式电路原理图：执行【Project】菜单的【层次式电路图.PrjPCB】编译工程，编译成功后【Project】面板中文件会以层次式结构显示，如图 4-28 所示。

图 4-28　编译成功后的原理图面板显示式样

4.3.2　自上而下的电路原理图设计

新建一个工程文件，命名为"自下而上.PrjPCB"并保存。

将上例所绘制的层次式原理图各子图复制到与"自下而上.PrjPCB"工程相同的文件夹，并添加到工程中。

新建一个层次式电路图母图，不用添加到其他元件和图纸符号，命名为"main.SchDoc"并保存。

在电路图母图中，执行【Design】菜单的【Create Sheet from Symbol or HDL】命令，弹出图 4-29 所示的引用文档选择对话框，对话框中列出了工程中所有可以用来创建子图的电路原理图，选中"Comm.SchDoc"文档确认。

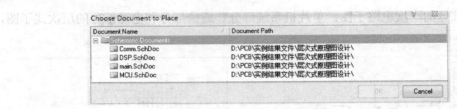

图 4-29　引用文档选择对话框

此时，光标变成十字状并黏附一个图纸符号，图纸符号的图纸入口与原理图中的端口是相对应的，移至合适的位置后单击鼠标确认，并修改图纸入口的位置和图纸符号的大小，如图 4-30 所示。

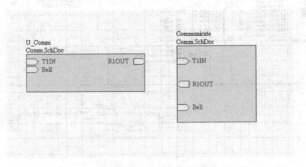

图 4-30　自上而下式的设计电路母图与连接子图

给其他的功能电路模块创建图纸符号，并电气连线，绘制好的层次式电路母图与图 4-26 相同。

编译工程，编译后工程面板中的原理图文件由原先的并列显示变成层次式显示状态，如图 4-31 所示。

图 4-31　编译后图纸显示由并列变为层次式显示

4.3.3　层次结构设置

（1）端口与图纸入口之间的同步

无论采用自上而下还是自下而上的方式设计电路原理图，只要是由系统自动生成端口或者图纸入口，端口与图纸入口的 I/O 类型总是同步的。但是在图纸编辑的过程中也可能出现图纸入口与相对应端口 I/O 类型不一样的情况。执行【Design】菜单的【Synchronizing Sheet Entries and Ports】命令，弹出图 4-32 所示的端口与图纸入口同步菜单。图中左侧列出了所有不相符的端口与图纸入口，右侧则列出了相符的端口与图纸入口，选择相应的端口或图纸入口后单击下面的命令按钮进行编辑。

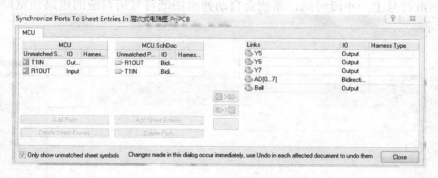

图 4-32　端口与图纸入口同步菜单

（2）重命名层次式原理图中的子图

在设计中可能要对原理图子图的名称进行修改。执行【Design】菜单的【Rename Child Sheet】命令，弹出图 4-33 所示的【子图重命名】对话框。各属性的具体意义如下。

【New child sheet file name】新子图名称：在此填入层次式原理图子图新的名称。

【Rename Mode】重命名模式：在此提供了三种重命名的模式。【Rename child document and update all relevant sheet symbols in the current project】重命名子图并更新这个项目中所有关联到的图纸符号；【Rename child document and update all relevant sheet symbols in the current workspace】重命名子图并更新这个工作区中所有关联到的图纸符号；【Copy the child document and only update the current sheet symbol】复制子图并更新当前的图纸符号。

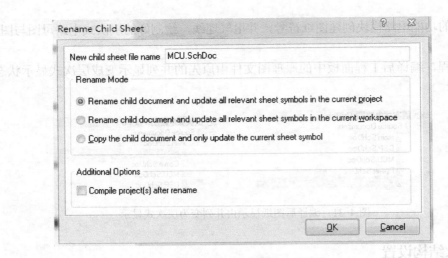

图 4-33 子图重命名对话框

【Compile project after rename】：重命名后编译工程。

4.3.4 层次式原理图

层次式原理图结构清晰明了，相比于简单得多电路原理图设计来说更容易从整体上把握系统的功能。前面已经提到过，在按住【ctrl】键的同时双击图纸符号就可以打开图纸符号所关联的电路原理图文件，还有更简单的预览图纸符号所对应的原理图的方法，就是将光标停留在图纸符号上一小段时间，系统会自动弹出图纸符号所对应的电路预览原理图，如图 4-34 所示。

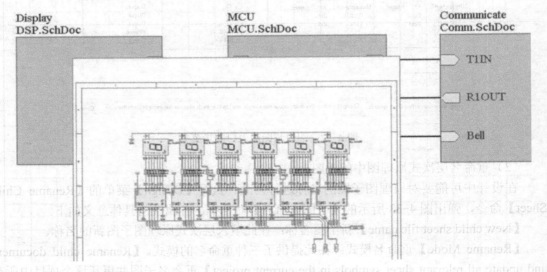

图 4-34 电路母图电路预览功能

Altium Design 提供的【Up/Down Hierarchy】层次间查找命令则功能更为强大，可以更方便地查看电路原理图的结构和原理图之间信号的流向。

在层次式原理图母图中执行【Tool】|【Up/Down Hierarchy】命令或是单击工具栏的按钮进入层次间查找状态，此时光标会变成十字状，在需要查看的图纸符号上单击鼠标左键，则系统会自动打开相应的电路原理图，如图4-35与图4-36所示，打开的电路原理子图将铺满显示编辑区。

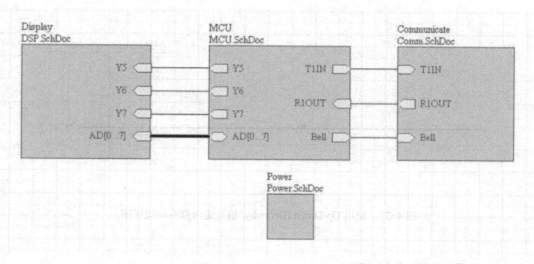

图4-35 电路母图层次间查找状态

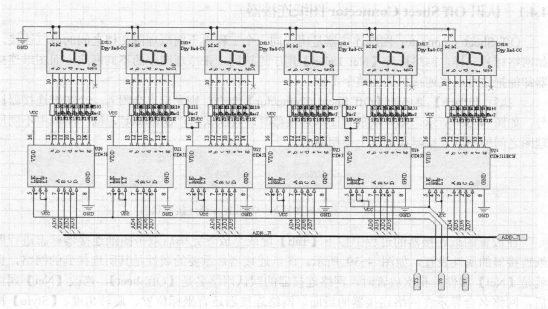

图4-36 打开的一个电路原理子图

使用【Up/Down Hierarchy】命令还可以追踪原理图中的信号的走向。例如，要追踪显示功能模块中"AD{0…7}"总线信号的走向，则选择【Up/Down Hierarchy】命令后将光标移至U_DSP模块的"AD{0…7}"图纸入口上单击，系统会弹出图4-37所示的原理子图，此

73

时,"AD{0…7}"端口是呈放大高亮显示的。再次单击"AD{0…7}"端口则界面会回到层次母图中,并将 U_DSP 模块的"AD{0…7}"图纸入口高亮显示。顺着层次式母图中"AD{0…7}"的母线连接继续进入 U_MCU 模块中查看信号的走向,非常方便。

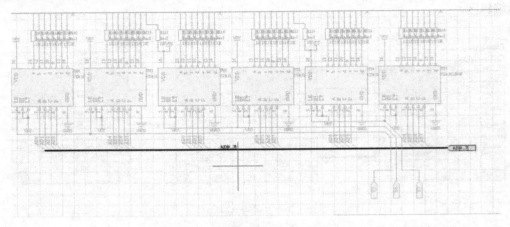

图 4-37 使用 Up/Down Hierarchy 信号走向查看原理子图

4.4 多张原理图连接设计

4.4.1 认识 Off Sheet Connector 图纸连接器

Off Sheet Connector 图纸连接器是用于同一个工程内不同原理图文档之间的电气连接,如网络标号一样,网络标号【Net Label】用于连接同一张原理图中的不同网络,而图纸连接器却能把这种电气连接扩大到整个工程。

执行【Place】菜单的【Off Sheet Connector】命令,则光标上会附着一个图纸连接器标号,如图 4-38 所示,第一次放置图纸连接器时,其默认名"OffSheet",同一工程中不同原理图之间的图纸连接器在电气上是相通的。

图 4-38 不同原理图间第一次放置图纸连接器状态

在放置图纸连接器的过程中按下【Tab】键或是放置完毕后双击图纸连接器标志进行图纸连接器的属性设置,如图 4-39 所示。图纸连接器最重要的属性是其所连接到的网络,也就是【Net】属性,初次放置时,网络连接器的默认网络名是【OffSheet】,修改【Net】属性后,网络名会显示在网络连接器的后面。网络连接器还有坐标位置、旋转角度、【Style】样式和颜色等属性,其中,坐标位置和旋转角度一般在放置的过程中按空格键或是【X】、【Y】键确定;颜色属性则可以单击【Color】后面的颜色框在弹出的对话框中设置;Altium Designer 的网络连接器有两种样式可以选择,即【Right】和【Left】,如图 4-40 所示,注意箭头的方向。

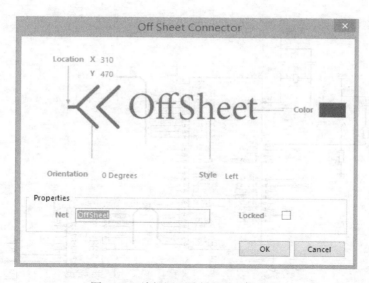

图 4-39 编辑图纸连接器连接的网络

图 4-40 网络连接器连接样式

4.4.2 多电路原理图的绘制

建立一个空白的"PrjPCB"工程并命名为"Power.SchDoc"并将设计好的"MCU51.SchDoc"原理图中的电源部分复制到"Power.SchDoc"中来,编辑好的电源电路原理图如图 4-41 所示。

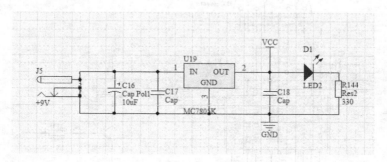

图 4-41 +9V 转+5V 电源原理图示例

添加单片机系统原理图。新建一个"SchDoc"文档,命名为"MCU.SchDoc"并将第 3 章所设计的"MCU51.SchDoc"原理图中的 51 单片机系统部分复制到"MCU.SchDoc"中。

添加单片机系统的原理图连接器:单片机系统总共有 7 个端口和外面相连,其中包括和时间显示部分的"AD[0…7]"总线接口"Y5""Y6""Y7"三个数码管显示控制端,以及串口通信的"T1IN""R1OUT"和蜂鸣器控制 I/O 接口"Bell"。修改完毕的原理如图 4-42 所示。

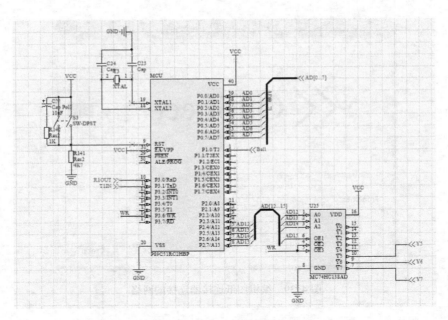

图 4-42 MCU 系统部分原理图

添加通信系统原理图。新建一个"SchDoc"文档,命名"Comm.SchDoc"并将第 3 章所设计的"MCU51.SchDoc"原理图中的通信系统部分复制到"Comm.SchDoc"中。

添加通信系统的原理图连接器:这一部分的电路中包括了串口通信电平转换芯片和蜂鸣器报警电路,需要和单片机系统中的中"T1IN""R1OUT"和"Bell"相连接,因此,还要添加"T1IN""R1OUT""Bell"三个原理图连接器,如图 4-43 所示。

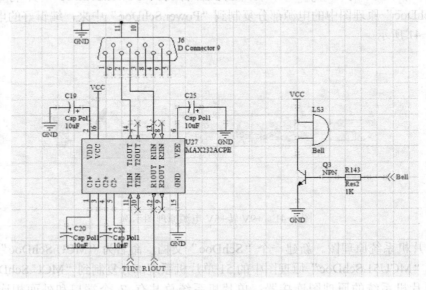

图 4-43 添加通信系统的原理图连接

添加时间显示系统原理图。新建一个"SchDoc"文档,命名为"DSP.SchDoc"并将第 3 章所设计的"MCU51.SchDoc"原理图中的时间显示系统部分复制到"DSP.SchDoc"中。

添加时间显示系统的原理图连接器：时间显示系统通过"AD[0…7]"总线，以及"Y5""Y6""Y7"三跟控制线和单片机控制系统连接，故添加"AD[0…7]""Y5""Y6""Y7"四个图纸连接器，修改完毕的电路如图4-44所示。

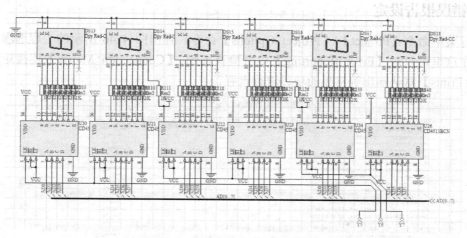

图4-44 时间显示系统的原理图连接

编译工程：执行【Project】菜单下的【Compile PCB Project 多图纸电路.PrjPCB】，若原理图连接没有问题编译会顺利通过，此时，一个完整的多文档电路原理图设计就成功完成了。

4.4.3 多电路原理图的查看

执行【Tool】菜单的【Up/Down Hierarchy】命令或单击工具栏的按钮进入层次间查找状态，此时光标会变成十字状，选择需要查找的图之间连接器。例如，要查找图4-45a所示的单片机系统原理图中的"Bell"引脚究竟连到了哪张原理图的哪个引脚，将光标移动的"Bell"上单击，则系统会自动打开目标连接器所在的原理图文档并将相应的连接器高亮显示，如图4-45b所示，"Bell"引脚是连到了通信系统原理图的蜂鸣器控制端。此时，光标仍处在层次间查找状态，若是再次单击通信系统原理图中的"Bell"连接器，则屏幕会回到原先的单片机系统原理图中并将"Bell"连接器高亮显示。此时，也可以继续查找其他的连接器的信号走向，或是单击鼠标右键结束查找状态。

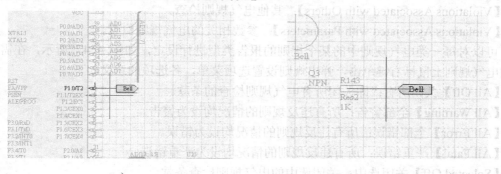

图4-45 层次间查找

a) 层次间查找Bell b) 查找到Bell连接子图

4.5 编译、查错、报表输出和打印

4.5.1 错误报告设定

执行菜单命令【Project】|【Project Options】命令，弹出图 4-46 所示的工程选项设置对话框，在这里可以对【Error Reporting】电气检查规则、【Connection Matrix】连接矩阵以及【Default Prints】默认输出等常见的项目进行设置。

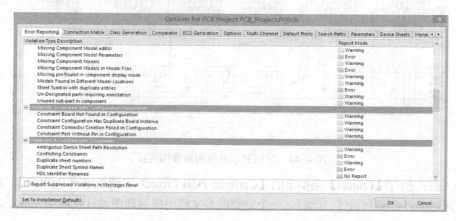

图 4-46 工程选项设置对话框

系统默认打开的是错误报告设定选项卡，提供了以下几大电气规则检查。

【Violations Associated with Buses】：总线相关的电气规则检查。

【Violations Associated with Code Symbols】：代码符号相关的电气规则检查。

【Violations Associated with Components】：元件相关的电气规则检查。

【Violations Associated with Configuration Constraints】：配置相关的电气规则检查。

【Violations Associated with Document】：文件相关的电气规则检查。

【Violations Associated with Harness】：线束相关的电气规则检查。

【Violations Associated with Nets】：网络相关的电气规则检查。

【Violations Associated with Others】：其他电气规则检查。

【Violations Associated with Parameters】：参数相关的电气规则检查。

可以对每一类电气规则中的某个规则的报告类型进行设定，如图 4-47 所示，在需要修改的电气规则上鼠标右键单击，弹出规则设置选项菜单，各选项的意义如下。

【All Off】关闭所有：即关闭所有电气规则检查的条款。

【All Warning】全部警告：所有违反规则的情况均设为警告。

【All Error】全部错误：所有违反规则的情况均设为错误。

【All Fatal】严重错误：所有违反规则的情况均设为严重错误。

【Selected Off】关闭选中：关闭选中的电气规则检查条款。

【Selected to Warning】选中警告：违反选中条款的情况提示为警告。

【Selected to Error】选中错误：违反选中条款的情况提示为错误。

【Selected to Fatal】选中严重警告：违反选中条款的情况提示为严重错误。
【Default】选中警告：关闭选中条款的电气规则检查。

也可以单击某条电气检查规则右侧的【Report Mode】区域，弹出报告类型设置下拉菜单，其中绿色为不产生错误报告；黄色为警告提示；橘黄色为错误提示；红色则为严重错误提示。

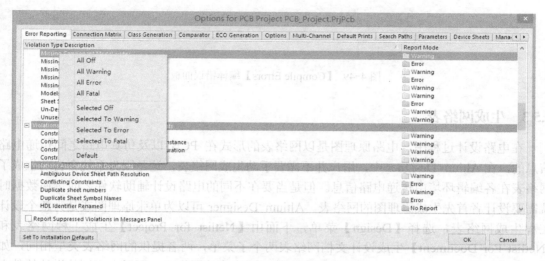

图 4-47 【Report Mode】区域

4.5.2 编译工程

电气规则编译完成后就可以按照自己的要求对原理图或工程进行编译，执行菜单命令【Project】|【Compile PCB Project MCU51.PrjPCB】对整个工程中所有的文件进行编译，或是执行【Project】|【Compile PCB Project MCU51.PrjPCB】仅仅对选中的原理图文件进行编译。编译完毕后如果电路原理存在错误，系统将会在【Messages】面板中提示相关的错误信息，如图 4-48 所示，【Messages】面板中分别列出了编译错误所在的原理图文件、出错原因以及错误的等级。

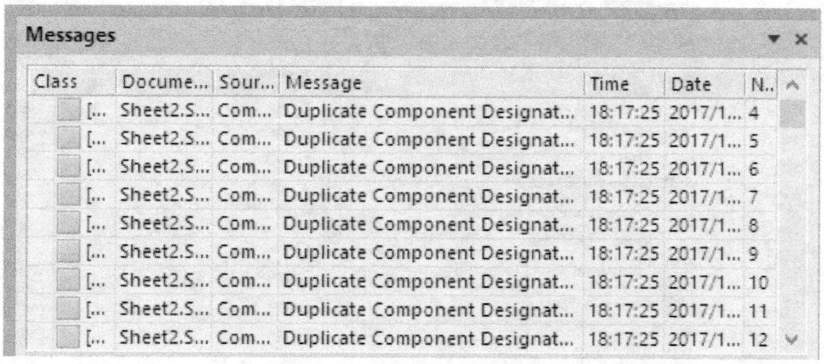

图 4-48 【Messages】面板

若要查看错误的详细信息可在【Messages】面板中双击错误提示，弹出图 4-49 所示的

【Compile Errors】编译错误面板，同时界面将跳转到原理图出错处，产生错误的元件或连线高亮显示，便于设计者修改错误。

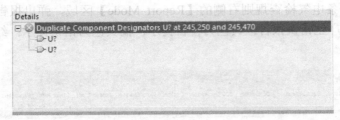

图 4-49 【Compile Errors】编译错误面板

4.5.3 生成网络表

在电路设计过程中，电路原理图是以网络表的形式在 PCB 以及仿真电路之间传递电路信息的，在 Altium Designer 中，用户并不需要手动生成网络表，这是因为系统会自动生成了网络表在各编辑环境中传递电路信息。但是当要在不同的电路设计辅助软件之间传递数据时就需要设计者首先生成原理图的网络表。Altium Designer 可以为单张原理图或是为整个设计工程生成网络表，选择【Design】菜单，下面由【Netlist for Project】生成工程网络表和【Netlist For Document】生成设计文档网络表两个子菜单，两者提供的网络表类型相同，如图 4-50 所示，Altium Designer 提供了丰富的不同格式的网络表，可以在不同的设计软件之间进行交互设计。

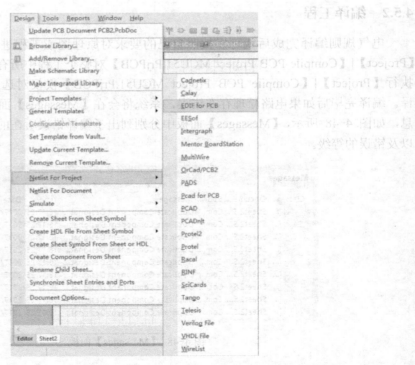

图 4-50 不同格式的网络表

4.5.4 打印电路图

与其他文件打印一样，打印电路原理图最简单的方法就是单击工具栏的 按钮，系统会以默认的设置打印出原理图。当然，读者要是想按照自己的方式打印原理图还需要对打印的页面进行设置。执行菜单命令【File】|【Page Setup】，弹出图 4-51 所示的原理图打印属性设置对话框，下面介绍各参数的意义。

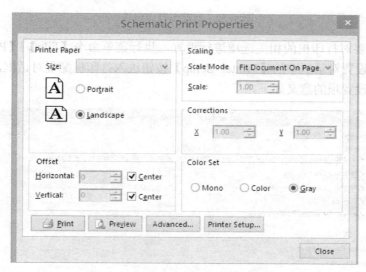

图 4-51　打印界面 Page setup

【Printer Paper】打印纸张设置：在此设置纸张的大小和打印方式。【Size】下拉列表框中选定纸张的大小。选取【Portrait】选项则图纸将竖向打印，选取【Landscape】则图纸将横向打印。

【Offset】页边距设置：可以分别在【Horizontal】和【Vertical】文本框中填入打印纸水平和竖直方向的页边距，也可选取后面的【Center】选项，使图纸居中打印。

【Scaling】打印比例：读者可以在【Scale Mode】下拉框中选择打印比例的模式，其中【Fit Document On Page】是指把整张电路图缩放打印在一张纸上；【Scaled Print】则是自定义打印比例，这时还需在下面的【Scale】文本框中填写打印的比例。

【Corrections】修正打印比例：可以在【X】文本框中填入横向的打印误差调整，或是在【Y】文本框中填入纵向的打印误差调整。

【Color Set】颜色设定：可以选择【Mono】单色打印、【Color】彩色打印或是【Gray】灰度打印。

单击【Advanced】按钮进入打印高级设置页面。如图 4-52，在此可以设置在打印出的原理图中是否显示【No-ERC Markers】标记、【Parameter Sets】等非电气图件或是【Designator】、【Net Labels】等电路相关的物理名称参数。

图 4-52 原理图打印属性

打印之前还要对打印机的相关选项进行设置，执行菜单命令【File】|【Print】或是单击原理图打印属性设置对话框中的【Printer Setup】按钮进入打印机配置对话框，如图 4-53 所示。各主要参数设置项的意义如下。

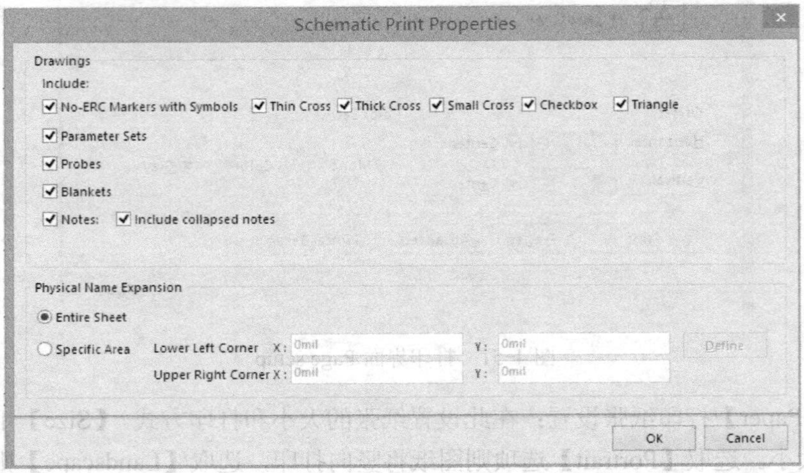

图 4-53 【Schematic Print Properties】界面

【Printer】打印机选项：这里列出了所有本机可用的打印机及其具体的信息，读者可以选用相应的打印机并设置属性。

【Print Range】打印范围：在这里设置打印文档的范围，可以设定为【All Pages】所有页面、【Current Page】当前页面或是在【Pages】后面的文本框中自己设定打印图纸的范围。

【Print What】打印什么：在这里选择打印的对象，可以选择【Print All Valid Document】打印所有的原理图；【Print Active Document】打印当前原理图；【Print Selection】打印当前原理图中的选择部分；【Print Screen Region】打印当前屏幕的区域。

【Copies】复制：在此可以设置打印的原理图的份数。

以上的选项设置完成之后就可以打印电路图了，不过在打印之前最好预览一下打印的效果，执行菜单命令【File】|【Print Preview】

或是直接在主界面的工具栏中单击 按钮，弹出打印预览窗口，如图 4-54 所示。预览窗口的左侧是缩微图显示窗口，当有多张原理图需要打印时，均会在这里缩微显示。右侧则是打印预览窗，整张原理图在打印纸上的效果将在这里形象地显示出来。

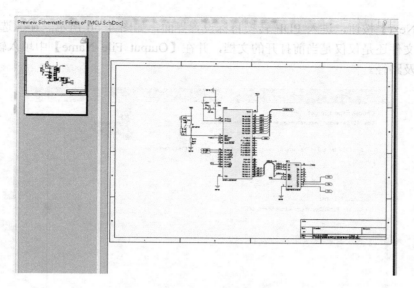

图 4-54 打印预览

若是原理图预览的效果与理想的效果一样,读者就可以执行【File】|【Print】命令打印了。

4.5.5 输出 PDF 文档

PDF 文档是一种广泛应用的文档格式,将电路原理图导出成 PDF 格式可以方便设计者之间参考交流。Altium Designer 提供了一个强大的 PDF 生成工具,可以非常方便地将电路原理图或是 PCB 图转化为 PDF 格式。

执行菜单命令【File】|【Smart PDF】,弹出图 4-55 所示的智能 PDF 生成器启动界面。

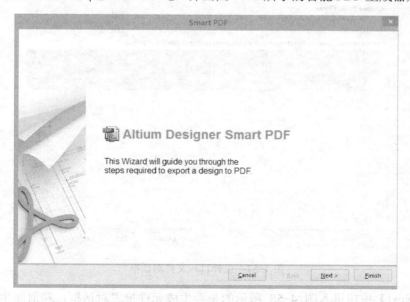

图 4-55 Altium Designer Smart PDF 输出工具

单击【Next】按钮，进入 PDF 转换目标设置界面，如图 4-56 所示。在此选择转化该工程中的所有文件还是仅仅是当前打开的文档，并在【Output File Name】中填入输出 PDF 的保存文件名及路径。

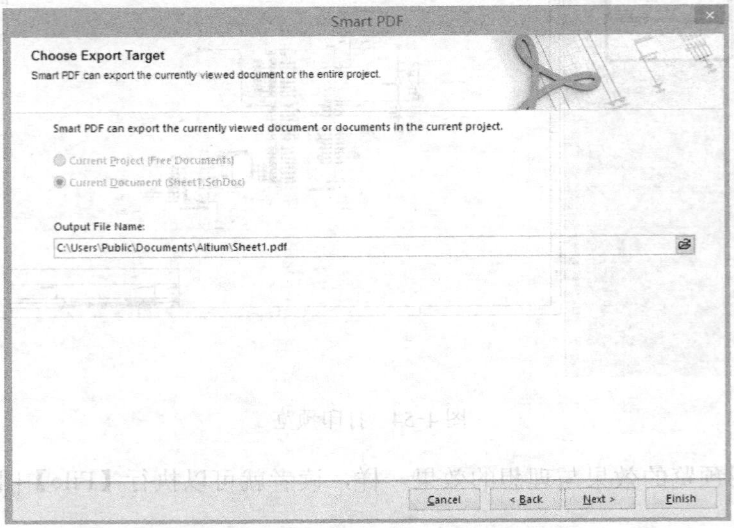

图 4-56　输出 PDF 保存路径

单击【Next】按钮进入图 4-57 所示的选择目标文件对话框，在这里选取需要 PDF 输出的原理图文件，在选取的过程中可以按住【Ctrl】键或【Shift】键再单击鼠标进行多文件的选择。

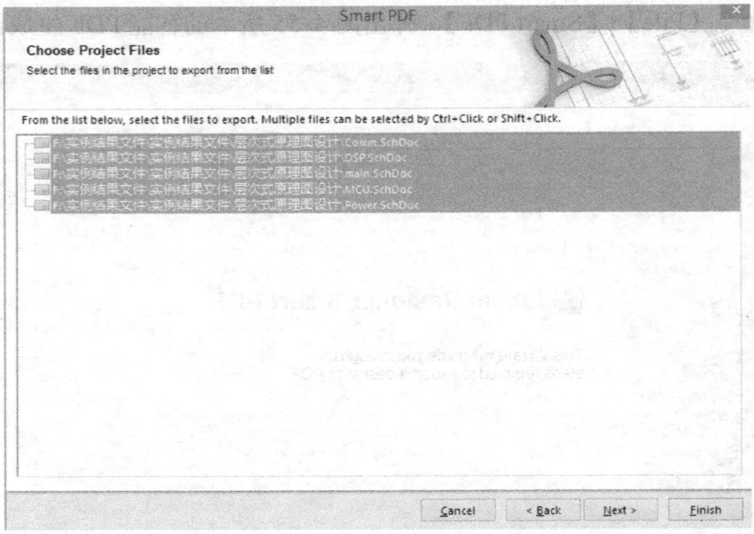

图 4-57　选择目标文件对话框

单击【Next】按钮进入图 4-58 所示的是否生成元件报表对话框，和前面生成元件表的设置一样，读者在这里设置是否生成元件报表以及报表格式和套用的模板。

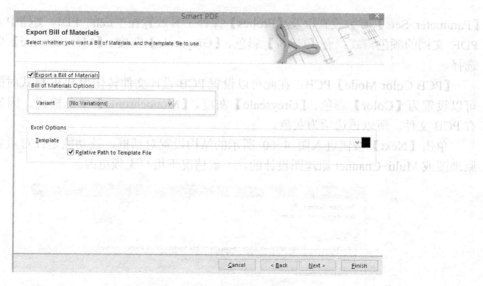

图 4-58 是否生成元件报表对话框

单击【Next】按钮进入图 4-59 所示的 PDF 附加选项设置对话框，下面介绍各设置项的意义。

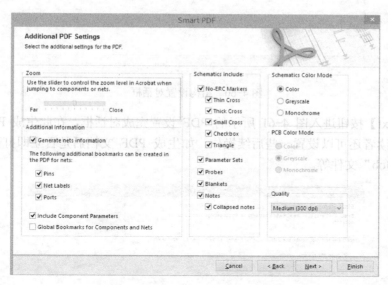

图 4-59 PDF 附加选项设置对话框

【Zoom】区域缩放：该选项用来设定生成的 PDF 文档，当在书签栏中选中元件或网络时，PDF 阅读窗口缩放的大小，可以拖动下面的滑块来改变缩放的比例。

【Additional Information】生成额外的书签：当选定【Generate nets information】时设定在生成的 PDF 文档中产生网络信息。另外还可以设定是否产生【Pins】引脚、【Net Labels】网络标签、【Ports】端口的标签。

【Schematics include】原理图：可以设定是否将【No-ERC Markers】忽略 ERC 检查、

【Parameter Sets】参数设置以及【Probes】探针工具放置在生成的 PDF 文档中。还可以设置 PDF 文档的颜色模式：有【Color】彩色、【Greyscale】灰度、【Monochrome】单色模式可供选择。

【PCB Color Mode】PCB：在此可以设置 PCB 设计文件转化为 PDF 格式时的颜色模式，可以设置为【Color】彩色、【Greyscale】灰度、【Monochrome】单色模式。因为该工程中没有 PCB 文件，所以该选项为灰色。

单击【Next】按钮进入图 4-60 所示的结构设置对话框，该功能是针对重复层次式电路原理图或 Multi-Channel 原理图设计的，一般情况下用户无须更改。

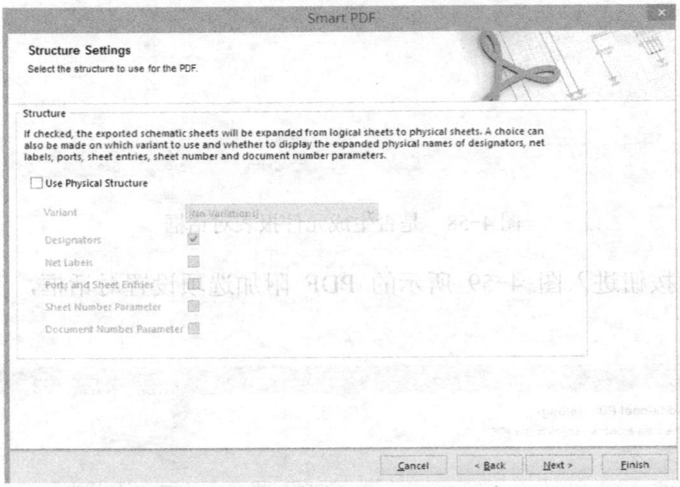

图 4-60 结构设置对话框

单击【Next】按钮进入图 4-61 所示的 PDF 设置完成对话框，在此生成 PDF 文档的设置已经完毕，读者还可以设置一些后续操作，如生成 PDF 文档后是否立即打开，以及是否生成"Output Job"文件等。

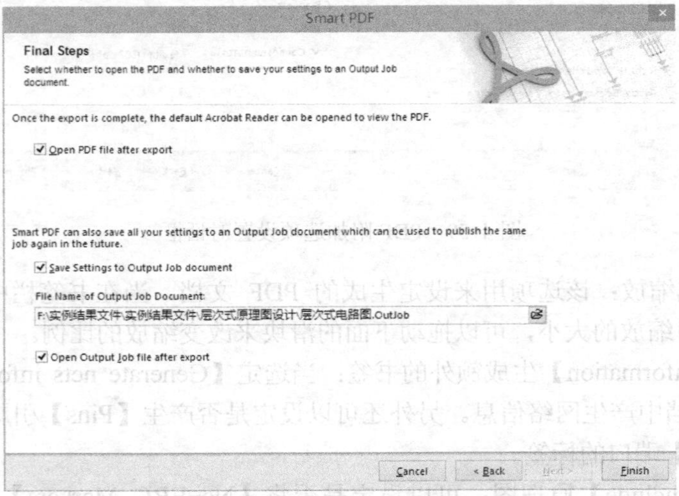

图 4-61 PDF 设置完成对话框

单击【Finish】按钮完成 PDF 文件的导出，系统会自动打开生成的 PDF 文档，如图 4-62。在左侧的标签栏中层次式地列出了工程文件的结构，每张电路图纸中的元件、网络以及工程的元件报表，可以单击各标签跳转到相应的项目，非常方便。

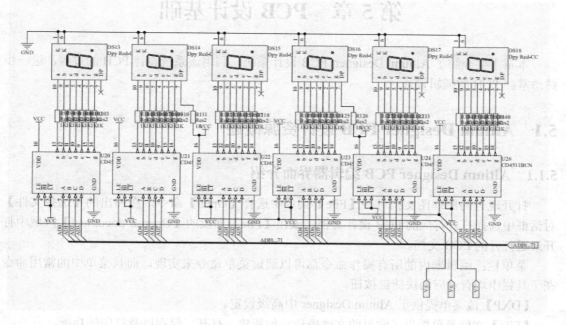

图 4-62 生成的 PDF 文档

第 5 章 PCB 设计基础

本章主要介绍了 Altium Designer PCB 设计系统，利用该系统设计 PCB 的过程，进一步熟悉掌握 PCB 的编辑设计。

5.1 Altium Designer PCB 设计资源概述

5.1.1 Altium Designer PCB 编辑器界面介绍

打开现有的原理图文档可在【File】菜单中选择【Open】命令，在弹出的【选择文件】对话框中选择打开对应的 PCB 设计文档，或在【File】面板的【Open a document】区域中打开最近打开的 PCB 文档。

菜单栏：编辑器内的所有操作命令都可以通过菜单命令来实现，而且菜单中的常用命令在工具栏中均有对应的快捷键按钮。

【DXP】该菜单提供了 Altium Designer 中高级设定。
【File】文件菜单提供了常见的文件操作，如新建、打开、保存以及打印等功能。
【Edit】编辑菜单提供的是 PCB 设计的编辑操作命令，如选择、剪切、粘贴、移动等。
【View】查看菜单提供 PCB 文档的缩放查看，以及面板的操作等功能。
【Project】工程菜单提供工程整体上的管理功能。
【Place】放置菜单提供各种电气图件的放置命令。
【Design】设计菜单提供了设计规划管理，电路原理图同步、PCB 层管理等功能。
【Tool】工具菜单提供了设计规则检查、覆铜、密度分析等 PCB 设计的高级功能。
【Auto Route】自动布线菜单提供了自动布线时的具体功能设置。
【Reports】报告菜单提供了各种 PCB 信息输出以及电路板测量的功能。
【Window】窗口菜单提供了主界面窗口的管理功能。
【Help】帮助菜单提供系统的帮助功能。

工具栏：Altium Designer 的 PCB 编辑器提供了标准工具栏【PCB Standard】、布线工具栏【Wiring】、公用工具栏【Utilities】、导航栏【Navigation】等。

布线工具栏：与原理图编辑环境中的布线工具栏不同，PCB 编辑器中的工具栏提供了各种各样的实际电气走线功能。该工具栏中各按钮的功能如表 5-1 所示。

表 5-1 布线工具栏各按钮功能

按钮	功能	按钮	功能
	交互布线		差分对布线
	放置焊盘		放置导孔

(续)

按钮	功能	按钮	功能
	放置圆弧		放置填充区
	放置覆铜	A	放置文字
	放置元件		

公用工具栏：与原理图编辑环境中的公用工具栏相似，主要提供 PCB 设计过程中的编辑、排列等操作命令，每一个按钮相对应一组相关命令。该工具栏具体功能如表 5-2 所示。

表 5-2　公用工具栏各按钮功能

按钮	功能	按钮	功能
	提供绘图及阵列粘贴功能		提供图件的排列功能
	提供图件的搜索功能		提供各种标示功能
	提供元件布置区功能		提供网络大小设定功能

层标签栏：层标签栏中列出了当前 PCB 设计文档中的所有层，各层用不同的颜色表示，可以单击各层的标签在各层之间交换，如图 5-1 所示。

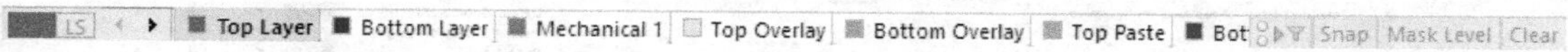

图 5-1　PCB 设计图中不同的层

5.1.2　认识 PCB 的层

说到 PCB 的层，读者往往会将多层 PCB 设计和 PCB 的层混淆起来，下面来简单介绍一下 PCB 的层的概念。电路板根据结构来分可分为单层板（Signal Layer PCB）、双层板（Double Layer PCB）和多层板（Multi Layer PCB）三种。

单层板是最简单的电路板，它仅在电路板一面进行铜膜走线，而另一面放置元件，结构简单，成本较低，但是由于结构限制，当走线复杂时布线的成功率较低，因此单层板往往用于低成本的场合。

双层板在电路板的顶层（Top Layer）和底层（Bottom Layer）都能进行铜膜走线，两层之间通过导孔或焊盘连接，相对于单层板来说走线灵活得多，相对于多层板成本又低得多，因此当前电子产品中双面板得到了广泛应用。

多层板就是包含多个工作层面的电路板，最简单的多层板就是四层板。四层板就是在顶层（Top Layer）和底层（Bottom Layer）中间加上了电源层和地平面层，通过这样的处理可以大大提高电路板的电磁干扰问题，提高系统的稳定性。

其实无论是单层板还是多层板，电路板的层都不止铜膜走线这几层。通常在印制电路板上布上铜膜导线后，还要在上面加上一层（Solder Mask）防焊层，防焊层不粘焊锡，覆盖在导线上面可以防止短路。防焊层还有顶层防焊层（Top Solder Mask）和底层防焊层（Bottom Solder Mask）之分。

电路板上往往还要印上一些必要的文字，如元件符号、元件标号、公司标志等，因此在电路板的顶层和底层还有丝印层（Silkscreen）。

当进行 PCB 设计时所涉及的层远不止上面所介绍的铜膜走线层、防焊层和丝印层。Altium Designer 提供了一个专门的层堆栈管理器（Layer Stack Manager）来管理板层。

5.1.3 PCB 层的显示与颜色

PCB 在设计过程中用不同的颜色来表示不同板层，在 PCB 编辑环境下执行菜单命令【Design】|【Board Layers & Colors】打开图 5-2 所示的视图设置对话框，视图设置对话框中有 3 个选项卡，其中【Board Layer And Colors】选项卡用来设置各板层是否显示以及板层的颜色。

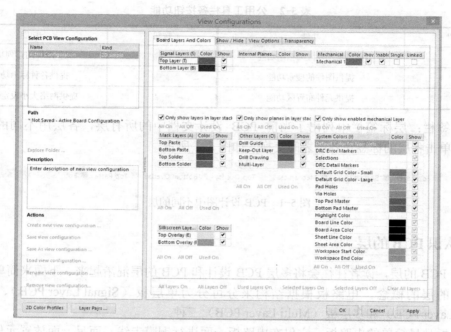

图 5-2 视图设置对话框

图 5-2 中列出了当前 PCB 设计文档中所有的层。根据各层面功能的不同，可将系统的层大致分为 6 大类，现在对【Board Layer And Colors】选项卡的设置进行介绍。

信号层（Signal Layers）：Altium Designer 提供了 32 个信号层，其中包括 Top Layer、Bottom Layer、Mid Layer1～Mid Layer30 等，图中仅仅显示了当前 PCB 中所存在的信号层，即 Top Layer 和 Bottom Layer，若要显示所有的层面可以取消选中【Only show layers in layer stack】选项。

内电层（Internal Planes）：Altium Designer 提供了 16 个内电层，Plane1~Plane16，用于布置电源线和地线，由于当前电路板是双层板设计，由于没有使用内电层，所以该区域显示为空。

机械层（Mechanical Layers）：Altium Designer 提供了 16 个机械层，Mechanical1~Mechanical16。机械层一般用于放置有关制板和装配方法的指示性信息，图中显示了当前电路板所使用的机械层。

防护层（Mask Layers）：防护层用于保护电路板上不需要上锡的部分。防护层有阻焊层（Solder Mask）和锡膏防护层（Paste Mask）之分。阻焊层和锡膏防护层均有顶层和底层之分，即 Top Solder、Bottom Solder、Top Paste 和 Bottom Paste。

丝印层（Silkscreen）：Altium Designer 提供了两个丝印层，顶层丝印层（Top Overlay）和底层丝印层（Bottom Overlay）。丝印层只要用于绘制元件的外形轮廓、放置元件的编号或其他文本信息。

其他层（Other Layers）：Altium Designer 还提供了一些其他的工作层面。其中包括"Drill Guide"钻孔位置层、"Keep-Out Layer"禁止布线层、"Drill Drawing"钻孔图层和"Multi-Layer"多层。

以上介绍的各层面，均可单击后面【Color】区域的颜色选框，在弹出的颜色设置对话框中设置该层显示的颜色。在【Show】显示选框中可以选择是否显示该层，选取该项则显示该层。另外在各区域下方的【Only show layers in layer stack】选框可以设置是否仅仅显示当前 PCB 设计文件中仅存在的层面还是显示所有层面。

【Board Layer And Colors】选项卡中还可以设置系统显示的颜色。

【Connections and From Tos】：连接和飞线，即预拉线和半拉线。

【DRC Error Markers】：DRC 校验错误。

【Selections】：选择，即选取时层的颜色。

【Visible Grid 1】：可见网络 1。

【Visible Grid 1】：可见网络 2。

【Pad Holes】：焊盘内孔颜色。

【Via Holes】：过孔内孔颜色。

【Highlight Color】：高亮颜色。

【Board Line Color】：电路板边缘颜色。

【Board Area Color】：电路板内部颜色。

【Sheet Line Color】：图纸边缘颜色。

【Sheet Area Color】：图纸内部颜色。

【Workspace Start Color】：工作区开始颜色。

【Workspace End Color】：工作区结束颜色。

在【Board Layer And Colors】选项卡的下方还有一排功能设置按钮，如图 5-3 所示，各按钮的功能如下。

【All Layers On】：显示所有层。

【All Layers Off】：关闭显示所有层。

【Used Layers On】：显示所有使用到的层。

【Used Layers Off】：关闭所有使用到的层。

【Selected Layers On】：显示所有选中的层。

【Selected Layers Off】：关闭显示所有选中的层。

【Clear All Layers】：清除选取层的选中状态。

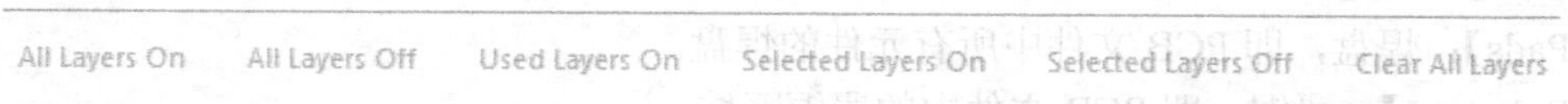

图 5-3 板层颜色功能设置

为了显示方便，本书的 PCB 设计环境中将 PCB 顶层信号层和底层信号层的颜色分别设置成了红色和蓝色。其实 PCB 层面显示的设置还有一个更为方便的方式，单击主界面层标签栏左边的 ▬▬▬ LS 按钮，弹出图 5-4 所示的板层显示设置菜单。单击【All Layers】项可以显示当前所有的层，或是单击下面的选项仅仅显示某一类的层面，如【Signal Layers】仅显示信号层；【Plane Layers】仅显示内电层；【NonSignal Layers】仅显示非信号层；【Mechanical Layers】仅显示机械层。

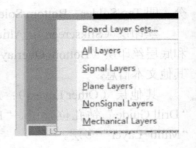

图 5-4　板层显示设置菜单

5.1.4　图件的显示与隐藏设定

Altium Designer PCB 设计环境错综复杂的界面往往让新手难以入手，在设计中为了更加清楚地观察元件的排布或走线，往往也需要隐藏某一类的图件。在图 5-2 所示的视图设置对话框中切换到【Show/Hide】显示/隐藏选项卡，这里可以设置各类图件的显示方式如图 5-5 所示。

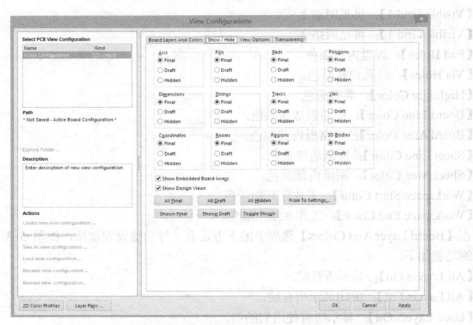

图 5-5　设置各类图件的显示方式

PCB 设计环境中的图件按照显示的属性可以分为以下几大类。

【Arcs】：圆弧，即 PCB 文件中的所有圆弧状走线。

【Fills】：填充，即 PCB 文件中的所有填充区域。

【Pads】：焊盘，即 PCB 文件中所有元件的焊盘。

【Polygons】：覆铜，即 PCB 文件中的覆铜区域。

【Dimensions】：轮廓尺寸，即 PCB 文件中的尺寸标识。

【String】：字符串，即 PCB 文件中的所有字符串。
【Tracks】：走线，即 PCB 文件中的所有铜膜走线。
【Vias】：过孔，即 PCB 文件中的所有导孔。
【Coordinates】：坐标，PCB 文件中的所有坐标标识。
【Rooms】：元件放置区间即放置 PCB 文件中的所有空间类图件。
【Regions】：区域即放置 PCB 文件中的所有区域类图件。
【3D Bodies】：3D 元件体即放置 PCB 文件中的所有 3D 图件。

以上各分类均可单独设置为【Final】最终实际的形状，多数为实心显示；【Draft】草图显示，多为空心显示和【Hidden】隐藏。

5.1.5 电路板参数设置

选取【Design】菜单下的【Board Options】选项，进入电路板尺寸参数设置对话框，如图 5-6 所示，下面来详细介绍。

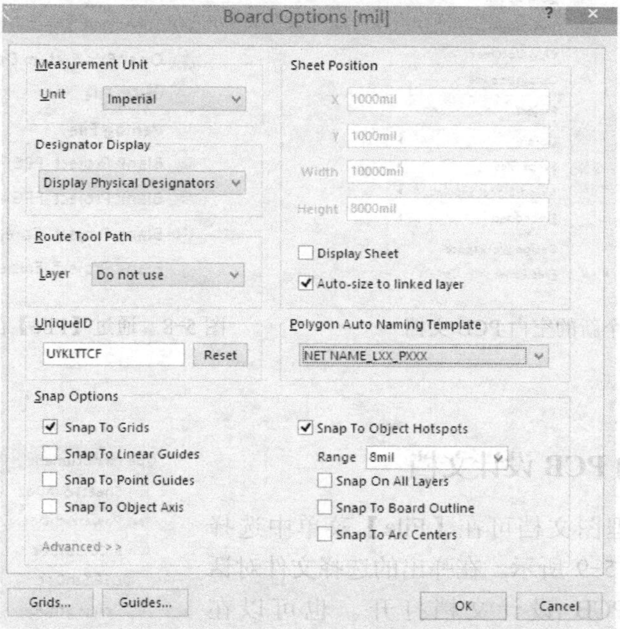

图 5-6 【Board Options】界面

【Measurement Unit】：系统单位设定，可以选择为【Imperial】英制单位或是【Metric】公制单位。

【Designator Display】：读者可自行选择物理坐标显示或逻辑坐标显示。

【Route Tool Path】：布线工具路径。读者可根据布线层数来选择路径。

【Snap Options】：栅格参数选项。可准确对网格、线、点、坐标轴、物体进行捕捉。

【Sheet Position】：该区域用于设置图纸的位置，包括 X 轴坐标、Y 轴坐标、宽度、高度等参数。

5.2 PCB 图设计方法

5.2.1 创建新的 PCB 设计文档

PCB 设计文档的创建非常简单，与原理图设计文档一样可以通过【File】菜单或是【File】面板来创建。

通过【File】菜单建立一个新的原理图文档：在【File】菜单中选择【New】|【PCB】创建一个新的 PCB 设计文档，如图 5-7 所示。

通过【File】面板建立一个新的原理图文档：在标签式面板栏的【File】面板中直接选取【PCB File】来创建新的 PCB 设计文档，如图 5-8 所示。

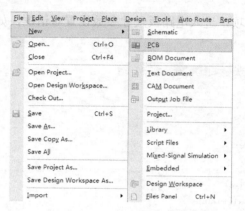

图 5-7 创建一个新的空白 PCB 文档

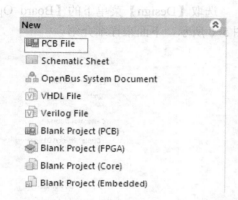

图 5-8 通过【File】面板创建新的 PCB 文档

5.2.2 打开已有的 PCB 设计文档

打开现有的原理图文档可在【File】菜单中选择【Open】命令，如图 5-9 所示。在弹出的选择文件对话框中选择相应的 PCB 设计文档打开。也可以在【File】面板的【Open a document】区域中打开最近打开的 PCB 设计文档。

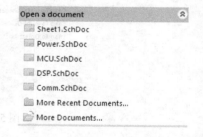

图 5-9 【File】菜单中选择 Open 命令

5.3 载入网络表

原理图与电路板规划的工作都完成以后，就需要将原理图的设计信息传递到 PCB 编辑器中，以进行电路板的设计。从原理图向 PCB 编辑器传递的设计信息主要包括网络表文件、元器件的封装和一些设计规则信息。

Altium Designer 10.0 实现了真正的双向同步设计，网络表与元器件封装的装入既可以通过在原理图编辑器内更新 PCB 文件来实现，也可以通过在 PCB 编辑器内导入原理图的变化来完成。

但是需要强调的是：用户在装入网络连接与元器件封装之前，必须先装入元器件库，否则将导致网络表和元器件装入失败。

在 Altium Designer 10.0 中，元器件封装库以两种形式出现：一种是 PCB 封装库，一种是集成元器件库。

下面介绍对 PCB 元器件库的装入、网络表和元器件封装的载入。

在原理图编辑器中选择【Design】菜单下的【Update PCB Document *.PcbDoc】子菜单项，即可弹出【Engineering Change Order】对话框，如图 5-10 所示。如果出现了错误，一般是因为原理图中的元器件在 PCB 图中的封装找不到，这时应该打开相应的原理图文件，检查元器件封装名是否正确或添加相应的元器件封装库文件。

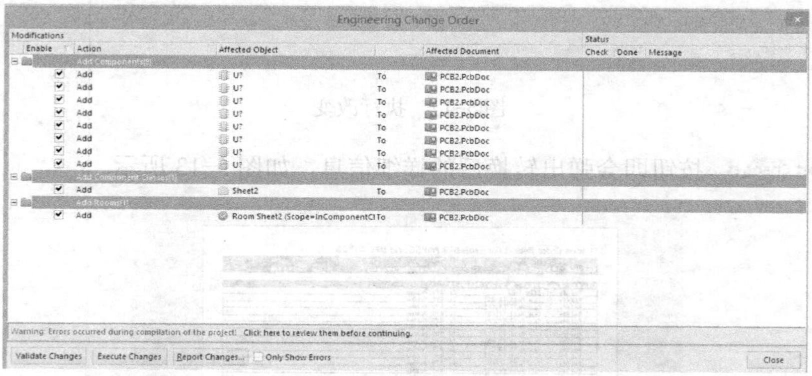

图 5-10 更新 PCB 图

单击 Validate Changes 按钮，如果所有的改变均有效，那么显示在状态列表中的转换成功后的项目前面则打有对号，如图 5-11 所示；如果改变无效，则应该关闭对话框，然后检查【Message】面板并清除所有的错误。

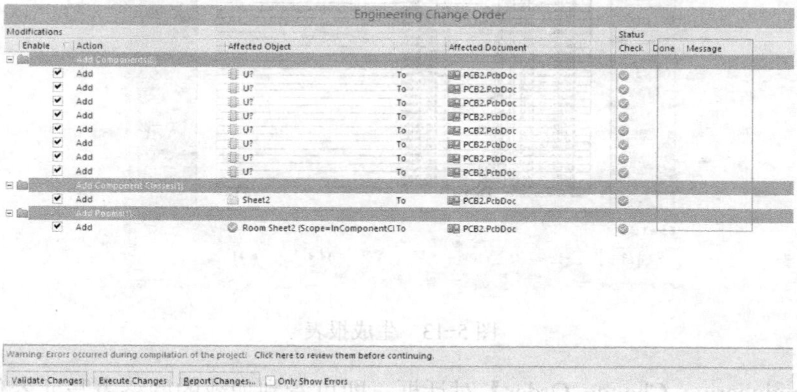

图 5-11 激活元件改变

单击 Execute Changes 按钮则可以将改变送到 PCB，完成后的状态则会在【Done】区域打对号，如图 5-12 所示。

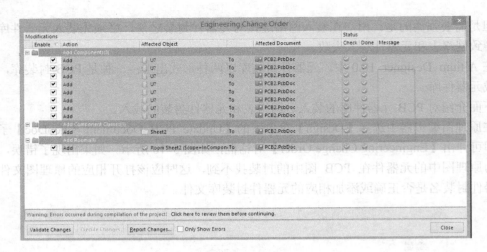

图 5-12　执行改变

单击 Report Changes... 按钮即会弹出转换后的详细信息,如图 5-13 所示。

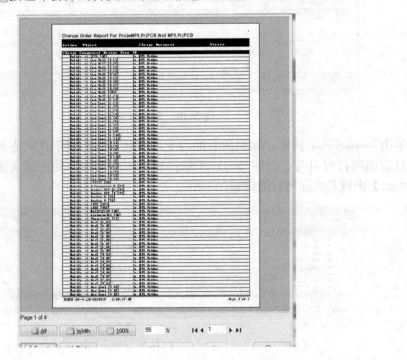

图 5-13　生成报表

关闭【Engineering Change Order】对话框,即可看到加载的网络表与元器件在 PCB 图中。如果当前视图中不能看到,则可按〈Page Down〉键进行缩小视图,如图 5-14 所示。

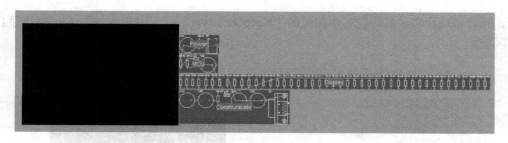

图 5-14 转换成的 PCB 图

5.4 元件布局、布线

5.4.1 元件的布局

按电路模块进行布局，实现同一功能的相关电路称为一个模块，电路模块中的元件应采用就近原则，同时应将数字电路和模拟电路分开。

定位孔、标准孔等非安装孔周围 1.27mm 内不得贴装元器件，螺钉等安装孔周围 3.5mm（对应 M2.5 螺钉）、4mm（对应 M3 螺钉）内不得贴装元器件。

卧装电阻、电感（插件）、电解电容等元件的下方避免布过孔，以免波峰焊后过孔与元件壳体短路。

元器件的外侧距板边的距离为 5mm。

贴装元件的焊盘外侧与相邻插装元件的外侧距离不得大于 2mm。

金属壳体元件和金属件（屏蔽盒等）不能与其他元器件相碰，不能紧贴印制线、焊盘，其间距应大于 2mm。定位孔、紧固件安装孔、椭圆孔及板中其他方孔外侧距板边的尺寸大于 3mm。

发热元件不能紧邻导线和热敏元件；高热器件要均匀分布。

电源插座要尽量布置电路板的四周，电源插座与其相连的汇流条接线端应布置在同侧。特别应注意不要把电源插座及其他焊接连接器布置在连接器之间，以利于这些插座、连接器的焊接及电源线缆设计和扎线。电源插座及焊接连接器间距应考虑方便电源插头的插拔。

其他元器件的布置：所有的 IC 元件单边对齐，有极性元件的极性标识应明确，同一电路板上极性标识不得多于两个方向，出现两个方向时，两个方向应互相垂直。

板面布线应疏密得当，当疏密差别太大时应以网状铜箔填充（网格大于 8mil 或者 0.2mm）。

贴片焊盘上不能有通孔，以免焊膏流失造成元件的虚焊。重要信号线不准从插座脚间通过。

贴片单边对齐，字符方向一致，封装方向一致。

有极性的器件在以同一板上的极性标识方向尽量保持一致。

5.4.2 自动布局

PCB 编辑器元件布局命令【Component Placement】在【Tools】命令菜单中，如图 5-15

所示。元件布局和布线前，应在电路板的"KeepOutLayer"层，用 Line 或 Arc 画出禁止布线的区域。

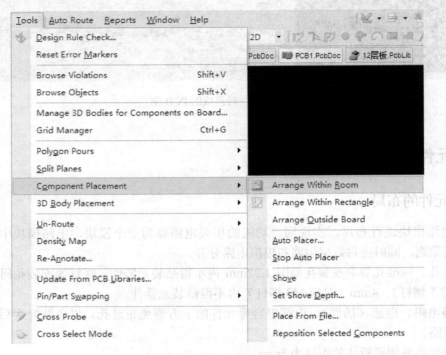

图 5-15 元器件放置菜单

执行菜单命令【Tools】|【Component Placement】|【Auto Placer…】，打开自动放置对话框，如图 5-16 所示。

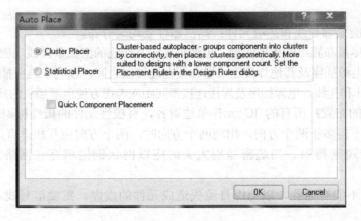

图 5-16 自动放置对话框

【Cluster Placer】：群集式放置。系统根据元件之间的连接性，将元件划分成一个个的群集（Cluster），并以布局面积最小为标准进行布局。这种布局适合于元件数量不太多的情况。

【Statistical Placer】：统计式放置。系统以元件之间连接长度最短（原理图中）为标准进行布局。这种布局适合于元件数目比较多的情况（如元件数目大于100）。

选中【Quick Component Placement】复选项，系统采用高速布局。该选项同时具有优化布局的功能，因此，勾选时布局结果更合理。

按图所示选择自动放置选项，单击【OK】按钮，系统开始自动布局。选择不同的自动布局模式会有不同的布局结果，如图 5-17 所示为【Cluster Placer】布局结果，如图 5-18 为【Statistical Placer】布局结果。

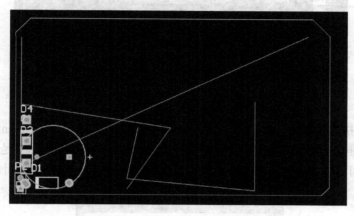

图 5-17 【Cluster Placer】布局结果

图 5-18 【Statistical Placer】布局结果

自动布局的结果往往不能满足设计需求，还需要手工布局。用户可以参考本例项目电路板的布局调整。

5.4.3 自动推挤布局

多个元件堆积在一起时（如图 5-19 所示），可采用自动推挤布局将元件平铺开。

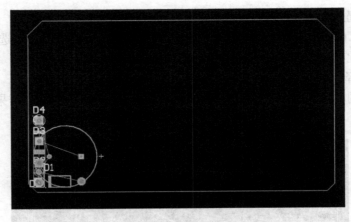

图 5-19 多个元件堆积

设计自动推挤参数。执行菜单命令【Tools】|【Component Placement】|【Set Shove Depth...】,弹出推挤深度设置对话框,如图 5-20 所示。推挤深度实际上是推挤次数,推挤次数设置适当即可,太大会使得推挤时间延长。系统执行推挤是类似于雪崩的推挤方式。

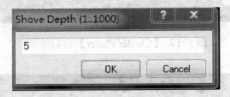

图 5-20 推挤深度设置对话框

执行菜单命令【Tools】|【Component Placement】|【Shove...】,出现十字光标,在堆叠的元件上单击鼠标左键,会弹出一个窗口,显示鼠标单击处堆叠元件列表和元件预览,如图 5-21 所示。在元件列表中单击任何一个元件,开始进行执行推挤,自动推挤布局结果如图 5-22 所示。

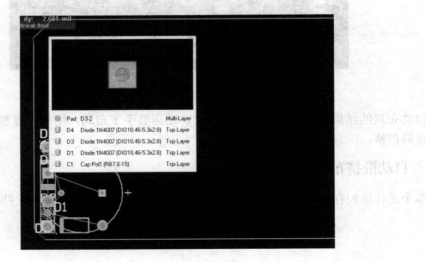

图 5-21 执行推挤

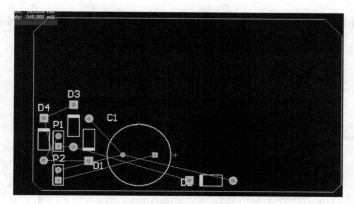

图 5-22　自动推挤布局结果

5.4.4　自动布线

1. 布线的一般规则

画定布线区域距 PCB 边不超过 1mm 的区域内以及安装孔周围 1mm 内，禁止布线。

电源线尽可能宽，不应低于 18mil；信号线宽不应低于 12mil；CPU 入出线不应低于 10mil（或 8mil）；线间距不低于 10mil。正常过孔不低于 30mil。双列直插：焊盘直径为 60mil，孔径 40mil。1/4W 电阻：51mil×55mil（0805 表贴），直插时焊盘直径为 62mil，孔径为 42mil。无极电容：51mil×55mil（0805 表贴），直插时焊盘直径为 50mil，孔径为 28mil。

注意电源线与地线应尽可能呈放射状以及信号线不能出现回环布线。上述一般布线规则只针对于普通的低密度板设计。

Altium Designer 10.0 具有 Altium 的 Situs Topological Autorouter 引擎，该引擎完全集成到 PCB 编辑器中。Situs 引擎使用拓扑分析来映射板卡空间。在布线路径过程中判断方向，拓扑映射提供很大的灵活性，可以更加有效地利用不同的规则的布线路径。

Altium 也完全支持双线 SPECCTRA 自动布线。在导出时可自动保持现有板块布线，通过 SPECCTRA 焊盘堆栈控制 Altium Designer，应用网络类别到 SPECCTRA 进行有效的基于类的布线约束，生成 PCB 布线。

自动布线前，一般需要根据设计要求设置布线规则，在这里只采用系统默认的布线规则。Altium Designer 中自动布线的方式灵活多样，根据用户布线的需要，既可以进行全局布线，也可以对用户指定的区域、网络、元件甚至是连接进行布线。因此可以根据设计过程中的实际需要选择最佳的布线方式。下面将对各种布线方式做简单介绍。

单击菜单【Auto Route】，打开自动布线菜单，如图 5-23 所示。

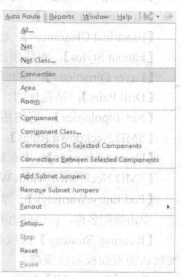

图 5-23　自动布线菜单

2. 全局自动布线

执行菜单命令【Auto Route】|【All...】，将弹出布线策

略对话框，以便让用户确定布线的报告内容和确认所选的布线策略，如图 5-24 所示。

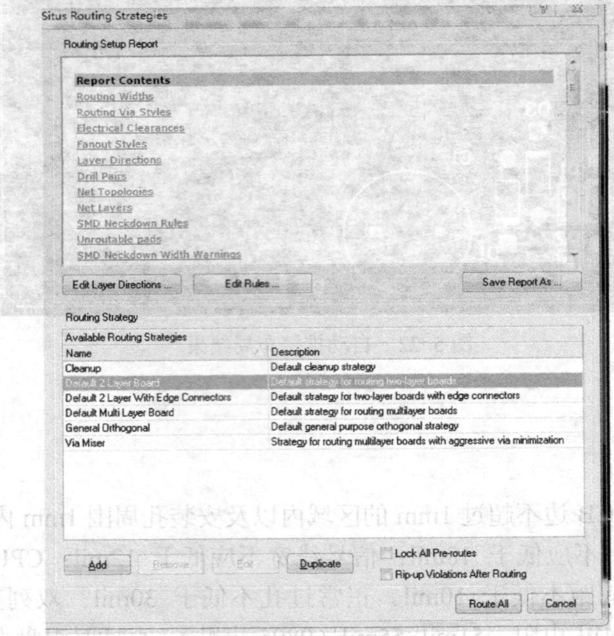

图 5-24 布线的报告内容

【Routing Setup Report】区域介绍如下。

【Errors and Warnings – 0 Errors 0 Warnings 1 Hint】：错误与警告。

【Report Contents】：报告内容列表包括如下规则内容。

【Routing Widths】：布线宽度规则。

【Routing Via Styles】：过孔类型规则。

【Electrical Clearances】：电气间隙规则。

【Fanout Styles】：布线扇出类型规则。

【Layer Directions】：层布线走向规则。

【Drill Pairs】：钻孔规则。

【Net Topologies】：网络拓扑规则。

【SMD Neckdown Rules】：SMD 焊盘线颈收缩规则。

【Unroutable pads】：未布线焊盘规则。

【SMD Neckdown Width Warnings】：SMD 焊盘线颈收缩错误规则。

【Pad Entry Warnings】：焊盘入口错误规则。

单击规则名称，窗口自动跳转到相应的内容，同时也提供打开相应规则设置对话框的入口。

【Routing Strategy】区域列表框，列出布线策略名称，用户可以添加新的布线策略，系统默认为双面板布线策略。

单击【Route All】按钮，系统开始按照布线规则自动布线，同时自动打开信息面板，显示布线进程信息，如图 5-25 所示，布线结果如图 5-26 所示。

 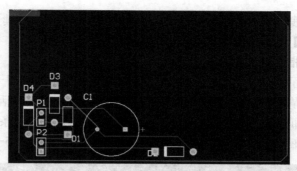

图 5-25 布线进程信息　　　　　图 5-26 布线结果

3. 指定网络布线

执行菜单命令【Auto Route】|【Net】，出现十字光标。
单击布线的网络（焊盘），弹出窗口显示相关的网络信息，如图 5-27 所示。

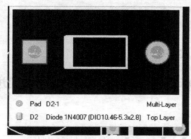

图 5-27 相关的网络信息

将光标指向弹出窗口的列表中，单击要布线的网络名称或焊盘，系统开始布线。
网络布线完成后，光标仍处于网络布线状态，可以继续单击其他网络进行布线。

4. 网络类布线

执行菜单命令【Auto Route】|【Net Class…】，打开选择网络类布线对话框，如图 5-28 所示。
选择要布线的网络类，单击【OK】按钮，系统对该网络类进行布线，布线结果如图 5-29 所示。

 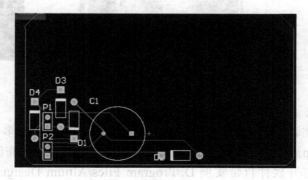

图 5-28 网络类布线对话框　　　　　图 5-29 布线结果

103

布线完成后，回到选择网络类布线对话框，继续选择其他网络类进行布线。单击【Cancel】按钮，结束网络类自动布线。

5. 指定连接布线

执行菜单命令【Auto Route】|【Connection】，出现十字光标。

在焊盘或者飞线上单击左键，出现图 5-30 所示对话框。系统对被点击连线布线。与指定网络布线的最大区别是，指定连线布线每次只完成一条飞线的连接。如果被单击处有多个连接存在，也会出现弹出窗口。指定连接布线结果如图 5-31 所示。

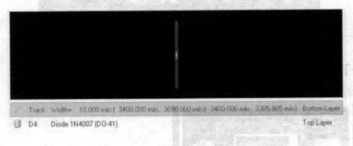

图 5-30　选中项目　　　　　　　　图 5-31　指定连接布线结果

完成一个连接布线后，光标仍处于布线状态，可以继续进行布线，单击鼠标右键取消布线状态。

6. 指定区域布线

执行菜单命令【Auto Route】|【Area】，出现十字光标。

单击确定布线区域的起点，移动光标出现一个白色框，如图 5-32 所示。

再单击则确定布线区域的终点，系统开始对完全在区域内的连接进行布线，布线结果如图 5-33 所示。

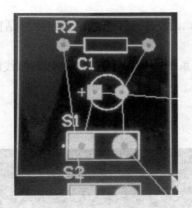 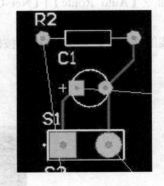

图 5-32　连接时的连接提示　　　　图 5-33　布线结果

7. 指定空间布线

在较为复杂的设计中，通常将元件按功能划分为多个模块，每个模块指定为一个空间（Room）。Altium Designer 可以对每个 Room 进行单独布线。

打开软件自带实例 D:/Program Files/Altium Designer Summer 08/Examples/Reference Designs/Multi-Channel Mixer 中的 Mixer_Placed.PcbDoc。

执行菜单命令【Auto Route】|【Room】，出现十字光标。
单击其中一个 Room，系统开始对该 Room 中的元件布线，布线结果如图 5-34 所示。

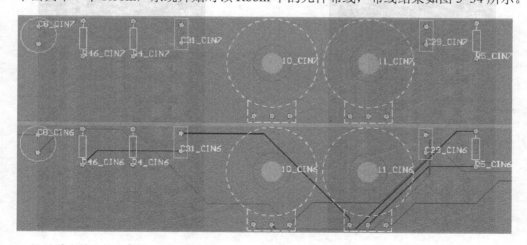

图 5-34　Room 中的元件布线结果

8. 指定元件布线

执行菜单命令【Auto Route】|【Component】，出现十字光标。
在要布线的元件上单击鼠标左键，系统开始对元件的连接进行布线，如图 5-35 所示。

9. 指定元件类布线

执行菜单命令【Auto Route】|【Component Class…】，打开选择元件类布线对话框，如图 5-36 所示。

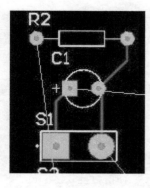 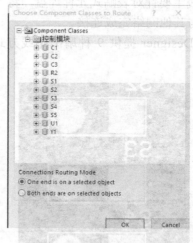

图 5-35　布线结果　　　　　图 5-36　元件类布线对话框

　　选择元件类，单击【OK】按钮，系统对选择的元件类进行布线，布线结果如图 5-37 所示。

10. 选中的元件的连接关系布线

选中要布线的元件。执行菜单命令【Auto Route】|【Connection On Selected

105

Components】，系统对选中的元件布线，如图 5-38 所示。

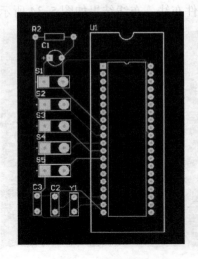
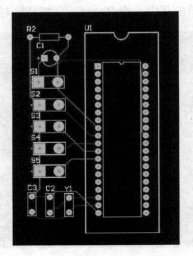

图 5-37 布线结果　　　　　　　　　　图 5-38 对选中的元件布线结果

该布线方法也可以针对多个选择的元件。

11. 选中元件间的连接布线

选中要布线的元件。执行菜单命令【Auto Route】|【Connection Between Selected Components】，系统对选中的元件之间布线、元件间的连接都会完成布线（包括元件本身内部的连接），如图 5-39 所示。

12. 扇出布线

扇出布线主要针对表贴式元件焊盘，将 SMD 元件的焊点往外拉出一小段铜膜走线后，再放置导孔与其他网络完成连接。

Altium Designer 提供 9 种扇出布线方式，集中在菜单【Auto Route】|【Fanout】，如图 5-40 所示。

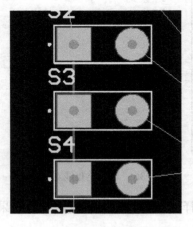
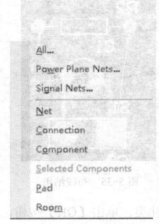

图 5-39 选中部分的布线结果　　　　　图 5-40 扇出布线方式

【All…】：全局扇出布线，对当前电路板所有的 SMD 元件的焊点进行分析，对能够扇出布线的焊盘进行扇出布线。图 5-41 所示为扇出布线的当前情况。

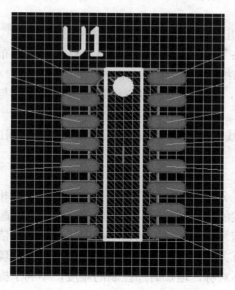

图 5-41 扇出布线的当前情况

执行菜单命令【Auto Route】|【Fanout】|【All...】,弹出扇出选项对话框,如图 5-42 所示,对话框各选项的设置如下。

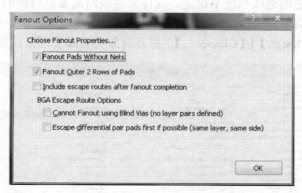

图 5-42 弹出扇出选项对话框

【Fanout Pads Without Nets】：扇出焊盘,包括无网络的焊盘。
【Fanout Outer 2 Rows of Pads】：两行焊盘向外扇出。
【Include escape routes after fanout completion】：扇出成功后包括逃逸布线。
单击【OK】按钮后,执行扇出布线。
【Power Plane Net...】：电源层网络扇出布线,只对电源层（内电层）网络的表贴焊盘进行扇出布线。
【Signal Net...】：信号层网络扇出布线,只对信号层网络的表贴焊盘进行扇出布线。
【Net...】：网络扇出布线,对单个网络进行扇出布线。执行该命令后出现十字光标,在要执行的扇出布线的网络上（焊盘）单击左键,单击的网络被扇出布线。

【Connection】：连接扇出布线，对有连接关系的表贴焊盘进行扇出布线，结果与网络扇出布线类似。

【Component】：元件扇出布线，元件本身的焊盘扇出布线。

【Selected Component】：选中的元件扇出布线，与元件扇出布线类似，只是可以同时对多个选中的元件进行扇出布线。

【Pad】：焊盘扇出布线，对被单击的焊盘进行扇出布线，而与其有连接关系的其他焊盘不执行扇出布线。

【Room】：空间扇出布线，对 Room 内的所有表贴焊盘进行扇出布线。

5.4.5 等长布线

高速电路布线特别是差分信号布线通常要求布线平行和长度相等。平行的目的是要确保差分阻抗的完全匹配，布线的平行间距不同会造成差分阻抗不匹配。等长的目的是确保时序的准确与对称性，即确保信号在传输线上的延迟相同。因为差分信号的时序跟这两个信号交叉点（或相对电压差值）有关，如果不等长，则此交叉点不会出现在信号振幅的中间，也会造成相邻的两个时间间隔不对称，增加时序控制的难度，不利于提供信号的传输速度。不等长也会增加共模信号的成分，影响信号完整性。

例如 CPU 到北桥芯片的时钟线，它不同于普通电器上的线路，在这些线路上以 100MHz 左右或更高的频率高速运行的信号对线路长度十分敏感，不等长的时钟布线路径会引起信号的不同步，进而造成系统不稳定。这样某些线路需要以弯曲的方式走线，以调节长度，下面就来简单介绍等长布线。

执行菜单命令【Design】|【Classes…】，打开对象类资源管理器，如图 5-43 所示。

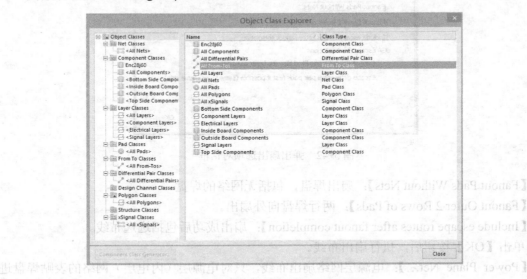

图 5-43 对象类资源管理器对话框

首先要确定电路中需要等长布线的网络，并将它们归入一个大类中，如"Net Classes"。在左侧的类目录树区域的 Net Classes 上单击鼠标右键，从弹出的右键菜单选择执行【Add Class】，即添加一个类。

在类目录树区域和右侧的列表框中都出现"New Class"。在目录树区域使用直接编辑功能（单击两次激活文本框）修改类名称，如"ZGD"。右侧出现两个列表框"NonMembers"列出当前的 PCB 中所有网络名称。"Members"列表框为当前类中包含的网络名称，此时为空白。

在"Non Members"列表框中选择要等长布线的网络名称，单击右向单箭头，将其归入当前类"ZGD"，如图 5-44 所示，单击【Close】按钮，关闭对象类资源管理器。

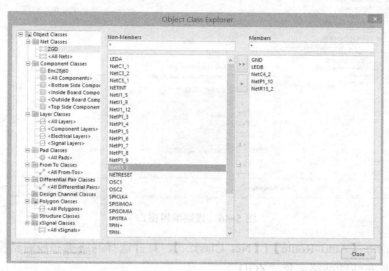

图 5-44 选择和设置网络归入 ZGD

执行菜单命令【Design】|【Rules…】，打开 PCB 规则系统参数编辑器，如图 5-45 所示。在左侧规则目录区域的"High Speed\Matched Net Lengths"上单击鼠标右键，从右键菜单中执行【New Rule…】，添加新规则。

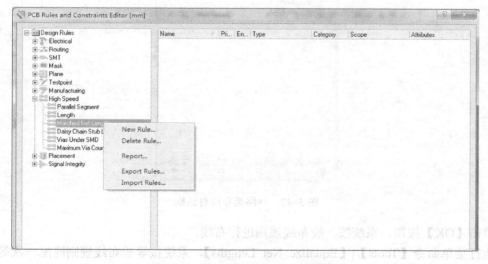

图 5-45 PCB 规则系统参数编辑器

新规则作为【Matched Net Lengths】的子规则，默认名称是 Matched Net Lengths，单击该名称，PCB 规则系统参数编辑器右侧规则编辑窗口打开，如图 5-46 所示。

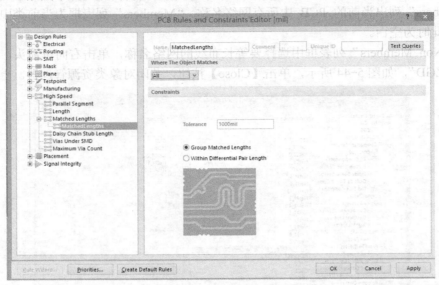

图 5-46 规则编辑窗口

执行菜单命令【Auto Route】|【Net Class…】，打开选择网络类布线对话框，如图 5-47 所示，选择等长布线的网络名称"ZGD"。

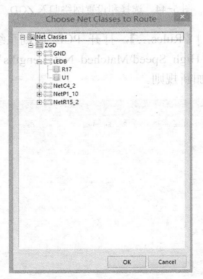

图 5-47 网络类布线对话框

单击【OK】按钮，系统按一般布线规则进行布线。

执行菜单命令【Tools】|【Equalize Net Lengths】，系统按等长布线规则匹配一次等长布线，通常布线的复杂程度决定了匹配次数的多少。

5.5 设计规则检查（DRC）

5.5.1 DRC 设置

DRC 的设置和执行是通过【Design Rule Check】完成的。在 PCB 编辑环境中，执行【Tools】|【Design Rule Check】命令后，即打开图 5-48 所示【Design Rule Checker】对话框。

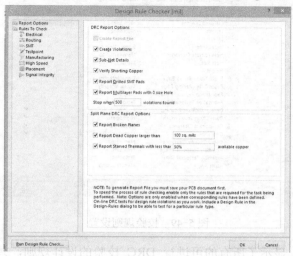

图 5-48 【Design Rule Checker】对话框

该对话框的设置内容包括两部分，即报告选项设置【Reports Options】和校验规则设置【Rules To Check】。

【Reports Options】报告选项设置主要用于设置生成的 DRC 报告中所包含的内容。在右侧的窗口中列出了 6 个选项，供设计者选择设置。

【Creat Report File】：建立报告文件，选中该复选框，则运行批处理 DRC 后会自动生成报告文件，报告中包含了本次 DRC 运行中使用的规则，违规数量及其他细节等。

【Creat Violations】：建立违规，选中该复选框，则运行批处理 DRC 后，系统会将电路板中违反设计规则的地方用绿色标志出来，同时在违规设计和违规消息之间建立起链接，设计者可直接通过【Message】面板中的显示，定位找到违规设计。

【Sub-Net Details】：子网络细节，选中该复选框，则对网络连接关系进行 DRC 校验并生成报告。

【Verify Shorting Copper】：内部平面警告，选中该复选框，系统将会对多层板设计中违反内电层设计规则的设计进行警告。

【Report Drilled SMT Pads】：检验短路铜，选中该复选框，将对敷铜或非网络连接造成的短路进行检查。

【Report Multilayer Pads with 0 size Hole】：检验多层板零孔焊点，选中该复选框，将对多层板的焊点进行是否存在着孔径为零的焊盘进行检查。

【Rules To Check】校验规则设置主要用于设置需要进行校验的设计规则及进行校验的方式（是在线还是批处理），如图 5-49 所示。

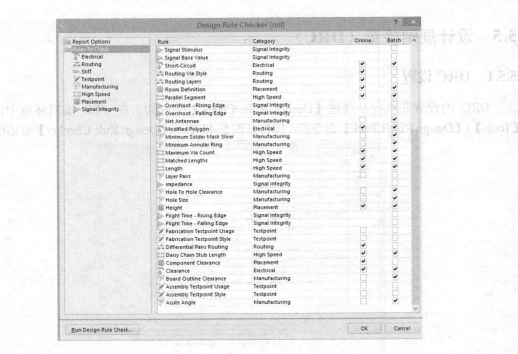

图 5-49 校验规则设置

在右侧的窗口中,显示了所有的可进行 DRC 校验的设计规则,共有八大类,没有包括【Mask】和【Plane】这两类规则。可以看到,系统在默认状态下,不同规则有着不同的 DRC 运行方式,有的规则只用于在线 DRC,有的只用于批处理 DRC。当然大部分的规则都是可以在两种运行方式下运行校验的。要启用某项设计规则进行校验时,只需选中后面的复选框。运行过程中,校验的依据是在前面的 PCB 规则和约束编辑器对话框中所进行的各项具体设置。

5.5.2 常规 DRC 校验

DRC 校验中设置校验规则必须是电路设计应满足的设计规则,而且这些待校验的设计规则也必须是已经在 PCB 规则和约束编辑器对话框中设定了选项。虽然系统提供了众多可用于校验的设计规则,但对于一般的电路设计来说,在设计完成后只需对以下几项常规DRC 校验即能满足实际设计的需要。

【Clearance】:安全间距规则校验。

【Short-Circuit】:短路规则校验。

【Un-Routed Net】:未布线网络规则校验。

【Width】:导线宽度规则校验

下面将以一个简单的例子介绍 DRC 校验的步骤:本例中,将对布线、敷铜后的原理图进行常规批处理 DRC 校验,打开设计文件。

执行【Tools】|【Design Rule Check】,进行 DRC 校验设置。其中,【Reports Options】中的各选项采用系统默认设置,但违规次数的上限值为"100",以便加速 DRC 校验的进程。

单击左侧窗口中的【Electrical】,打开电气规则校验设置列表框,选中【Clearance】

【Short-Circuit】【Un-Route Net】和【Modified Polygon】4 项，如图 5-50 所示。

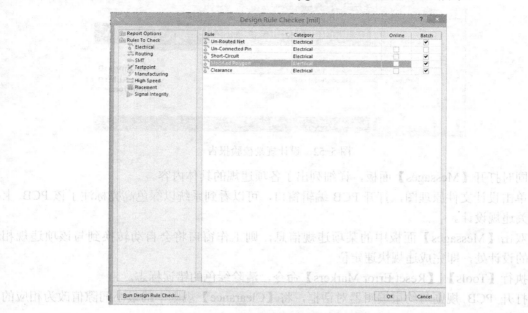

图 5-50 电气规则校验设置列表框

单击左侧窗口中的【Routing】，打开布线规则校验设置列表框，只选中【Width】选项，如图 5-51 所示。

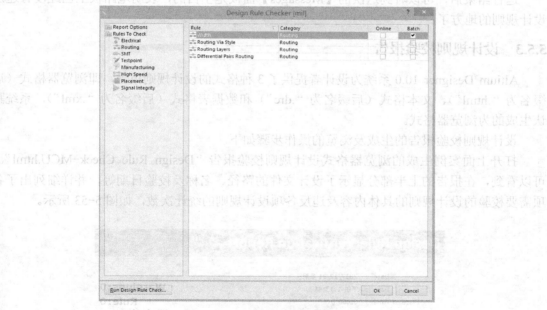

图 5-51 布线规则校验设置列表框

设置完毕，单击【Run Design Rule Check】按钮，开始运行批处理 DRC。

运行结束后，系统在当前项目的"Documents"文件夹下，自动生成网页形式的设计规则校验报告"Design Rule Check-MCU.html"，并显示在工作窗口中，如图 5-52 所示。

图 5-52　设计规则校验报告

同时打开【Messages】面板，详细列出了各项违规的具体内容。

单击设计文件原理图，打开 PCB 编辑窗口，可以看到系统以绿色高亮标注了该 PCB 上的相关违规设计。

双击【Messages】面板中的某项违规信息，则工作窗口将会自动转换到与该项违规相对应的设计处，即完成违规快速定位。

执行【Tools】|【Reset Error Markers】命令，清除绿色的错误标志。

打开 PCB 规则与约束编辑器对话框，将【Clearance】规则中的最小间隙值改为相应的原来数值。

执行【Tools】|【Design Rule Check】命令，打开【Design Rule Check】对话框，保持前面的设置，单击【Run Design Rule Check】按钮，再次开始运行批处理 DRC。

运行结束后，可以看到这次的【Messages】面板是空白的，表明电路板上已经没有违反设计规则的地方了。

5.5.3　设计规则校验报告

Altium Designer 10.0 系统为设计者提供了 3 种格式的设计规则报告，即浏览器格式（后缀名为".html"）、文本格式（后缀名为".drc"）和数据表格式（后缀名为".xml"），系统默认生成的为浏览器格式。

设计规则校验报告的生成及浏览的操作步骤如下。

打开上面案例生成的浏览器格式设计规则校验报告"Design Rule Check-MCU.html"。可以看到，在报告的上半部分显示了设计文件的路径、名称及校验日期等，并详细列出了各项需要校验的设计规则的具体内容及违反各项设计规则的统计次数，如图 5-53 所示。

图 5-53　违反各项设计规则的统计次数

在有违规的设计规则中，单击其中的选项，即转到报告的下半部分，可以详细查看相应违规的具体信息，如图 5-54 所示，与【Messages】面板的内容相同。

Rule Violations	Count
Hole Size Constraint (Min=1mil) (Max=100mil) (All)	0
Height Constraint (Min=0mil) (Max=1000mil) (Prefered=500mil) (All)	0
Width Constraint (Min=10mil) (Max=10mil) (Preferred=10mil) (All)	0
Power Plane Connect Rule(Relief Connect)(Expansion=20mil) (Conductor Width=10mil) (Air Gap=10mil) (Entries=4) (All)	0
Clearance Constraint (Gap=10mil) (All),(All)	0
Un-Routed Net Constraint ((All))	0
Short-Circuit Constraint (Allowed=No) (All),(All)	0
Total	0

图 5-54　PCB 实际设计与规则比对详细情况

单击某项违规信息，则系统自动转到 PCB 编辑窗口，借助于 Board Insight 的参数显示，同样可以完成违规的定位和修改。

在浏览器格式设计规则违规设计报告中，单击右上角的"customize"，即打开 PCB 编辑器【Preferences】对话框中的【Reports】标签页。在【Design Rule Check】中，对"TXT"及"HTML"格式的【Show】【Generate】进行选中设置，如图 5-55 所示。

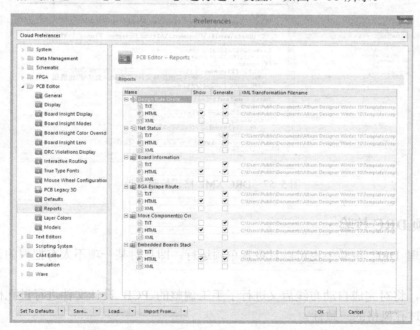

图 5-55　PCB 编辑器【Preferences】对话框

设置后，再次运行 DRC 校验时，系统即在当前项目下同时生成了 3 种格式的设计规则校验报告，如图 5-56 和 5-57 所示。

图 5-56 DRC TXT 格式校验报告

图 5-57 DRC XML 格式校验报告

5.5.4 单项 DRC 校验

在批处理 DRC 校验中也可以只设置单项运行，即只对某一项不太有把握的设计规则进行校验。

本例中，将对完成自动布线后又进行了手工调整的 PCB 设计文件进行过孔校验规则校验，以保证过孔风格的一致性。

单项 DRC 校验操作步骤如下。

打开文件，执行【Tools】|【Design Rule Check】命令，打开【Design Rule Check】对话框，进行 DRC 校验设置。其中，【Reports Options】中的各选项仍然采用系统默认设置。

在【Rules To Check】窗口中，屏蔽掉其他的设计规则，只保留【Routing Via Style】规则项，如图 5-58 所示。

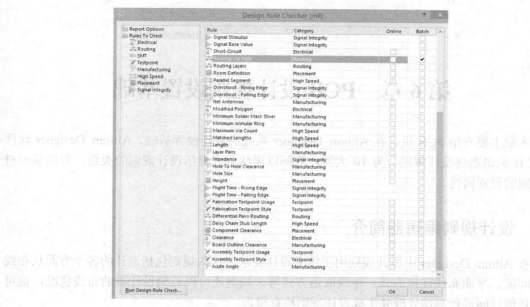

图 5-58 只保留【Routing Via Style】项的规则检查

单击【Run Design Rule Check】按钮，开始运行批处理 DRC。

运行结束后，设计规则校验报告与【Message】面板同时显示在工作窗口中，可以明确看到其报告的出错内容。

单击某项违规信息，进入 PCB 编辑窗口，打开相应违规处属性对话框，进行尺寸修改。

修改完毕，执行【Tools】|【Reset Error Markers】命令，清除绿色的错误标志。

再次运行 DRC 校验后，根据设计规则校验报告和【Messages】面板的显示，可以知道，电路板上不再有过孔违规设计，如图 5-59 所示。

Summary	
Warnings	**Count**
Total	0
Rule Violations	**Count**
Routing Via (MinHoleWidth=28mil) (MaxHoleWidth=28mil) (PreferredHoleWidth=28mil) (MinWidth=50mil) (MaxWidth=50mil) (PreferedWidth=50mil) (All)	0

图 5-59 DRC 校验报告显示不再有过孔违规设计

第 6 章 PCB 设计规则设置基础

本章主要介绍 PCB 设计在 Altium Designer 系统的规则设置基础。Altium Designer 软件的 PCB 编辑器将设计规则分为 10 大类,左侧以树状形式显示设计规则的类别,右侧显示对应规则的设置属性。

6.1 设计规则编辑器简介

在 Altium Designer 中设计规则用于定义设计要求。这些规则包括设计的各个方面从布线宽度间隙、平面布线连接方式、走线取道方式等。规则还可以监测设计者的布线状况,也可以在任何时间进行测试处理并生成设计规则检查报告。

Altium Designer 的设计规则不针对所有的对象,它们只针对独立的对象。每个规则都有一个应用范围,定义它必须针对特定的对象。例如规则的分层方式的应用为一个整板的间隙规则,也许是一类网状间隙规则,然而其中焊盘的设计规则也许是另一类。PCB 编辑器可以使用的规则有优先顺序和一定的范围,确定各个规则适用于在设计中每个对应的对象。

在 PCB 的编辑环境中,执行菜单命令【Design】|【Rules】,打开 PCB 设计规则与约束编辑器,如图 6-1 所示。

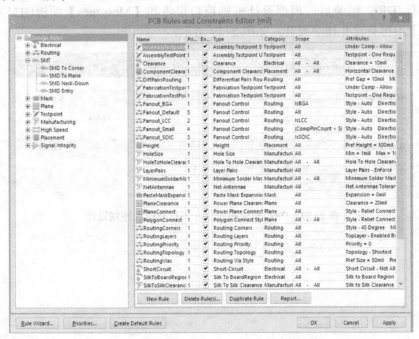

图 6-1 PCB 设计规则与约束编辑器

6.2 设计规则简介

6.2.1 Electrical 设计规则

Electrical 设计规则（电气规则）设置是在电路板布线过程中所遵循的电气方面的规则，包括四个方面：安全间距（Clearance）、短路规则（Short-Circuit）、未布线网络规则（Un-rounted Net）和未连接引脚（Un-connected Pin）。

（1）安全间距（Clearance）

【Clearance】规则主要用来设置 PCB 设计中的导线、焊盘、过孔及敷铜等导电对象之间的最小安全间距，使彼此之间不会因为太近而产生干扰。

单击【Clearance】规则，安全距离的各项规则名称；以树形结构形式展开。系统默认的有一个名称为【Clearance】的安全距离规则设置，鼠标左键单击这个规则名称，对话框的右侧区域将显示这个规则使用的范围和规则的约束特性，相应设置窗口如图 6-2 所示。在默认情况下，整个版面的安全间距为 10mil。

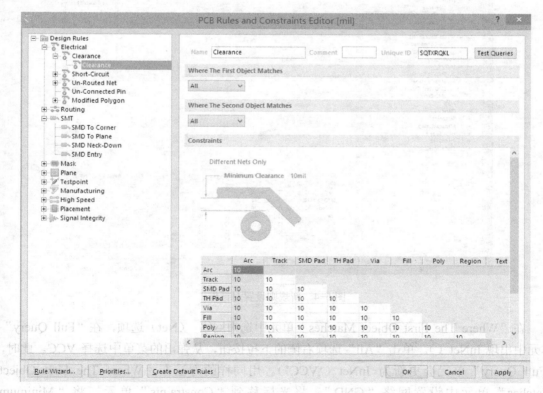

图 6-2　安全距离【Clearance】的规则设置窗口

下面以 VCC 网络和 GND 网络之间的安全间距设置 20mil 为例，演示新规则的建立方法。其他规则的添加和删除方法与此类似。具体步骤如下。

在图 6-2 中的"Clearance"上单击右键，弹出右键菜单，如图 6-3 所示。

图 6-3 新建规则

选择【New Rules...】命令，则系统自动在"Clearance"的上面增加一个名称叫作"Clearance-1"的选项，单击"Clearance-1"选项，图 6-3 编辑规则右键菜单弹出设置新规则设置对话框，如图 6-4 所示。

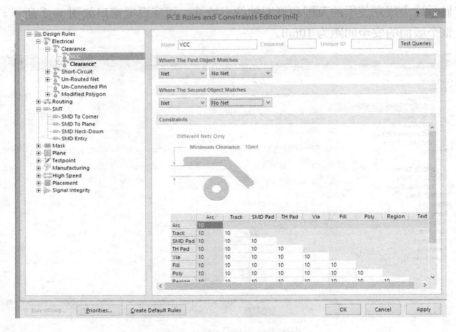

图 6-4 新规则设置对话框

在"Where The First Object Matches"单元中选中网络（Net）选项，在"Full Query"单元中出现 InNet（）。单击"All"选项右侧的下拉按钮，从弹出的菜单中选择 VCC。此时，"Full Query"单元会更新为 InNet（'VCC'）。用同样的方法在"Where The First Object Matches"单元中设置网络"GND"。将光标移到"Constraints"单元，将"Minimum Clearance"修改为 10mil，修改规则名称为"VCC"，如图 6-4 所示。

此时在 PCB 的设计中同时有两个电气安全距离的规则，因此必须设置它们之间的优先权。单击对话框左下角的优先权按钮，打开规则优先权编辑对话框，如图 6-5 所示。

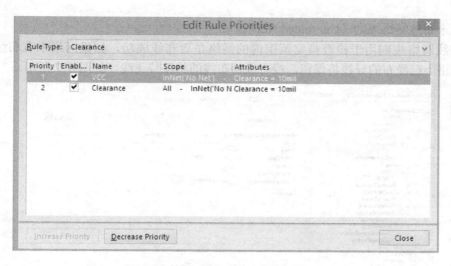

图 6-5 规则优先权编辑对话框

执行 Increase Priority 和 Decrease Priority 这两个按钮，可改变布线中规则的优先次序。设置完毕后，一次关闭设置对话框，新的规则和设置自动保存并在布线时起到约束作用。

（2）短路规则（Short-Circuit）

短路规则设定在电路板上的导线是否允许短路。如图 6-6 所示，在"Constraints"单元中，勾选"Allow Short Circuit"复选框，允许短路，因为默认设置为不允许短路。

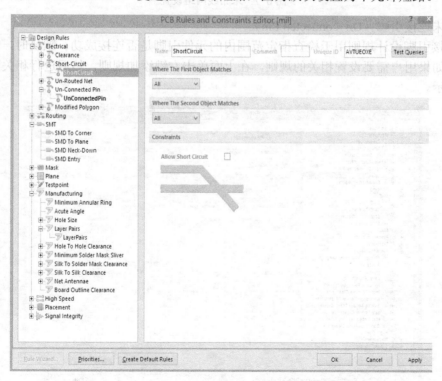

图 6-6 短路规则设置不允许短路

（3）未布线网络规则（Un-routed Net）

未布线网络规则用于检查指定范围内的网络是否布线成功，如果网络中有布线不成功的，该网络上已经布的导线将保留，没有成功布线的将保持飞线，如图6-7所示。

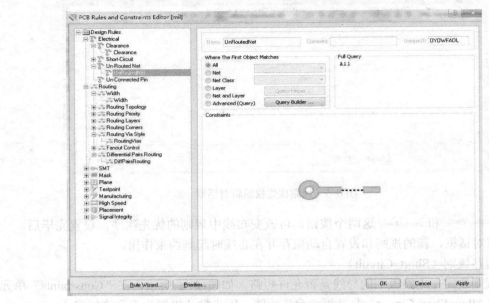

图6-7 未布线网络设置

（4）未连接引脚（Un-connected Pin）

未连接引脚设计规则用于检查指定范围内的元件引脚是否连接成功。默认时，这是一个空规则，如果用户需要设置相关的规则，在上面单击右键添加规则，然后进行相关设置，如图6-8所示。

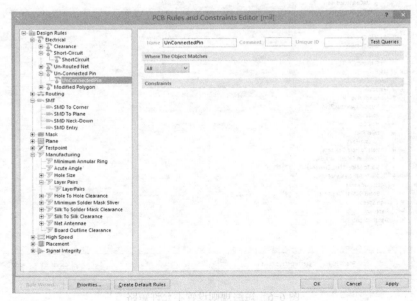

图6-8 未连接引脚设置

6.2.2 Routing 设计规则

布线规则是自动布线器进行自动布线的重要依据，其设置是否合理将直接影响到布线质量的好坏和布通率的高低。

单击【Routing】前面的+符号，展开布线规则，可以看到有8项子规则，图6-9所示为布线规则。

【Width】主要用于设置 PCB 布线时允许采用的导线的宽度，有最大、最小和优选之分。最大和最小宽度确定了导线的宽度范围，而优选尺寸则为导线放置时系统默认采用的宽度值，它们的设置都是在【约束】区域内完成，如图6-10所示。

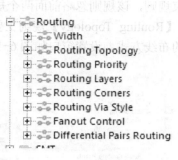

图6-9 布线规则项目

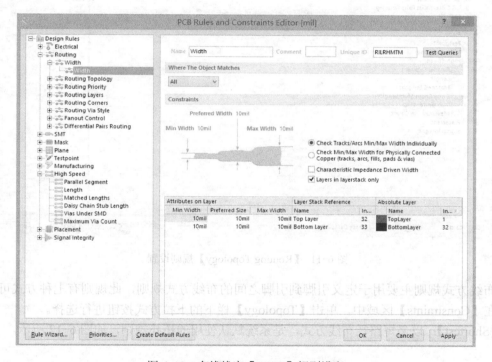

图6-10 布线线宽【Width】规则设定

【Constraints】区域内有两个复选框，【Characteric lmpedance Driven Width】特征阻抗驱动宽度，选中改复选框后，将显示铜模导线的特征阻抗值，设计者可以对最大、最小以及最优阻抗进行设置。

【Layers in layerstack only】只有图层堆栈中的层，选中该复选框后，意味着当前的宽度规则仅应用于在图层堆栈中所设置的工作层，否则将适用于所有的电路板层，系统默认为选中。

Altium Designer 10.0 的设计规则系统有一个强大的功能，即针对不同的目标对象，可以定义同类型的多重规则，规则系统将采用预定义等级来决定将哪一规则具体应用到哪一对象上。例如，设计者可以定义一个适用于整个 PCB 的导线宽度约束规则，由于接地网络的导

123

线与一般的连接导线不同，需要尽量粗些，因此设计者还需要定义一个宽度的约束规则，该规则将忽略前一个规则，而在接地网络上某些特殊的连接可能还需要设计者定义第三个宽度约束规则，该规则忽略前面两个规则。所定义规则将会根据优先级别顺序显示。

【Routing Topology】规则主要用于设置自动布线时的拓扑逻辑，即同一网络内各个节点间的布线方式。设置窗口如图 6-11 所示。

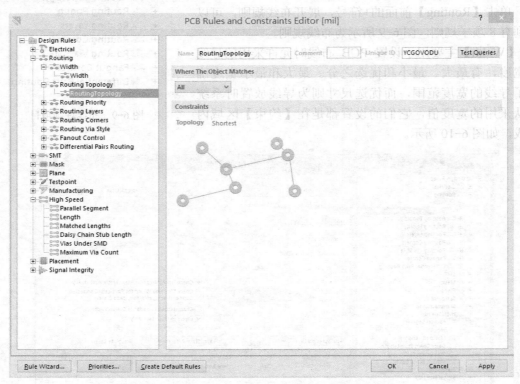

图 6-11 【Routing Topology】规则设置

布线方式规则主要用于定义引脚到引脚之间的布线方式规则，此规则有七种方式可供选择。在【Constraints】区域中，单击【Topology】栏下的下拉方式按钮进行选择。

【Shortest】：以最短路径布线方式，是系统默认使用的拓扑规则，如图 6-12 所示。

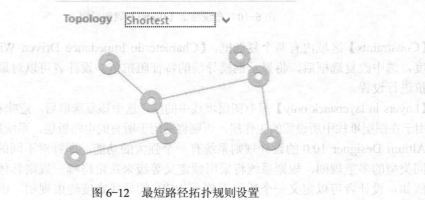

图 6-12 最短路径拓扑规则设置

124

【Horizontal】：以水平方向为主的布线方式，水平与垂直比为 5:1。若元器件布局时候，当水平方向上空间较大，可以考虑采用该拓扑逻辑进行布线，如图 6-13 所示。

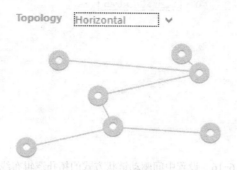

图 6-13　设置以水平方向为主的拓扑逻辑布线

【Vertical】：优先竖直布线逻辑。与上一种逻辑刚好相反，采用该逻辑进行布线时，系统将尽可能地选择竖直方向的布线，垂直与水平比为 5∶1，如图 6-14 所示。

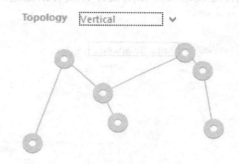

图 6-14　设置以竖直方向优先的拓扑逻辑布线

【Daisy-Simple】：简单链状连接方式，如图 6-15 所示。该方式需要指定起点和终点，其含义是在起点和终点之间连通网络上的各个节点，并且使连线最短，如果设计者没有指定起点和终点，系统将会采用【Shortest】布线。

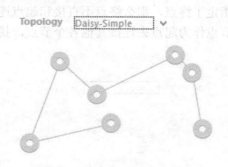

图 6-15　设置简单链状连接方式

【Daisy-MidDriven】：中间驱动链状方式，也是链式方式，如图 6-16 所示。该方式也需要指定起点和终点，其含义是以起点为中心向两边的终点连通网络上的各个节点，起点两边的中间节点数目不一定要相同，但要使连线最短。如果设计者没有指定起点和两个终点，系

125

统将采用【Shortest】布线。

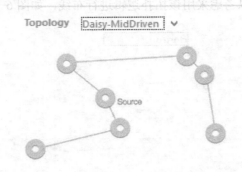

图 6-16 设置中间驱动链状方式的拓扑逻辑布线

【Daisy-Balanced】：平衡链状方式，也是链式方式，如图 6-17 所示。该方式也需要指定起点和终点，其含义是将中间节点数平均分配成组，所有的组都连接在同一个起点上，起点间用串联的方式连接，并且使连线最短，如果设计者没有指定起点和终点，系统将会采用【Shortest】布线。

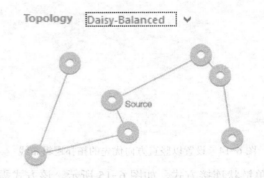

图 6-17 设置平衡链状方式的拓扑逻辑布线

【Starburst】：星型扩散连接方式，如图 6-18 所示。该方式是指网络中的每个节点都直接和起点相连接，如果设计者指定了终点，那么终点不直接和起点连接。如果没有指定起点，那么系统将试着轮流以每个节点作为起点去连接其他各个节点，找出连线最短的一组连线作为网络的布线方式。

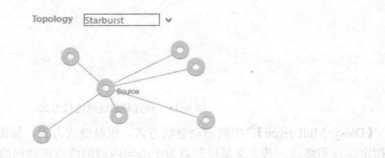

图 6-18 设置星型扩散连接方式的拓扑逻辑布线

【Routing Priority】布线优先级别，【Routing Priority】主要用于设置 PCB 中网络布线的先后顺序，优先级别高的网络先进行布线，优先级别低的网络后进行布线。优先级别可以设置范围是 0～100，数字越大，级别越高。设置布线的次序规则的添加、删除和规则使用范围的设置等操作方法与前述相似，不再重复。优先级别在【Constraints】区域的"Routing Priority"选项中设置，可以直接输入数字，也可以增减按钮调节，如图 6-19 所示。

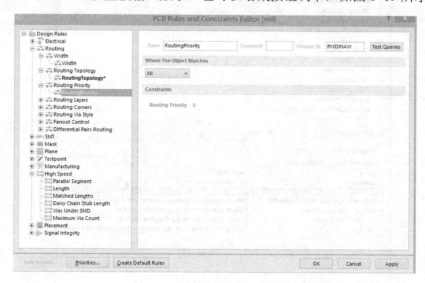

图 6-19 设置布线优先级别

【Routing Layers】布线板层，【Routing Layers】布线板层布线板层规则用于设置允许自动布线的板层，如图 6-20 所示。通常为了降低布线间耦合面积，减少干扰，不同层的布线需要设置成不同的走向，如双面板，默认状态下顶层为垂直走向，底层为水平走向。如果用户需要更改布线的走向，打开"Layer Directions"对话框进行设置。设置方法如下。

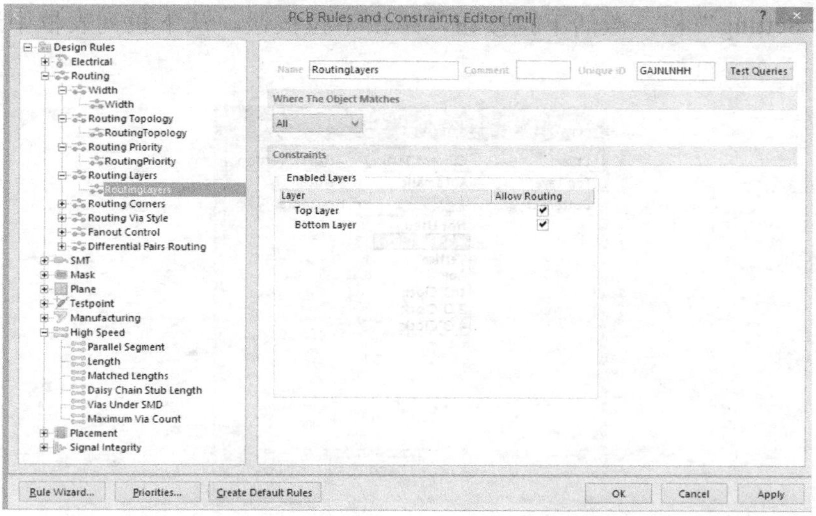

图 6-20 设置布线板层规则

127

执行菜单命令【Auto Route】|【Setup...】，打开【Situs Routing Strategies】对话框，如图 6-21 所示。

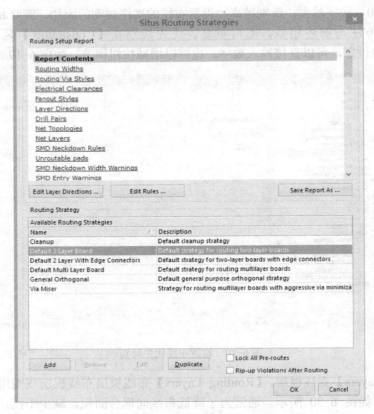

图 6-21 【Situs Routing Strategies】对话框

单击 Edit Layer Directions... 按钮，打开层布线方向设置对话框，如图 6-22 所示。单击每层的"Current Setting"栏，激活下拉按钮，单击下拉按钮，从下拉列表框中选择合适的布线走向。

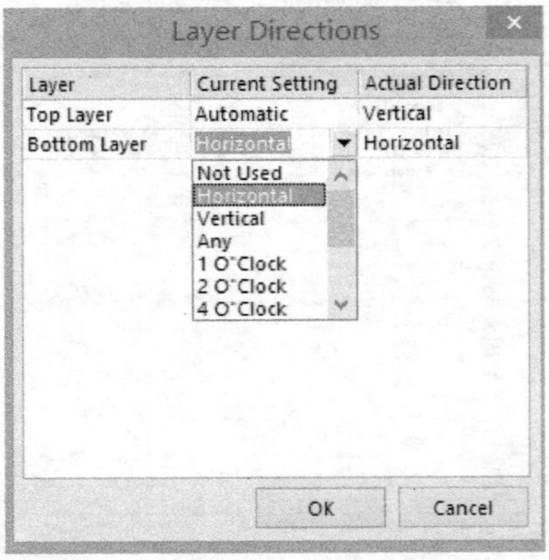

图 6-22 层布线方向设置

【Routing Corners】布线转角规则用于设置走线的转角方式。转角方式共三种，如图 6-23 到图 6-25 所示。

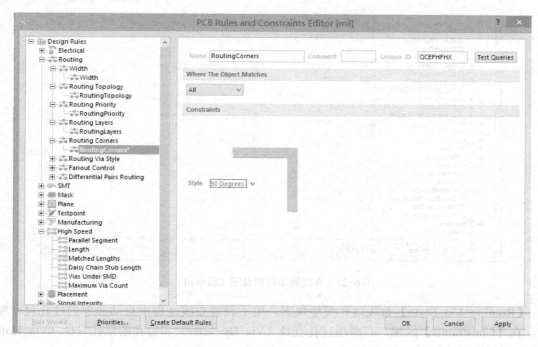

图 6-23　布线转角规则设置（直角）

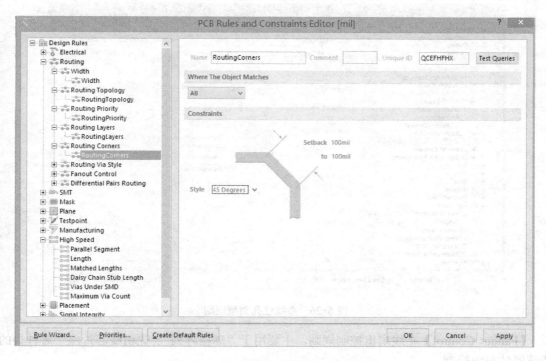

图 6-24　布线转角规则设置（45°转角）

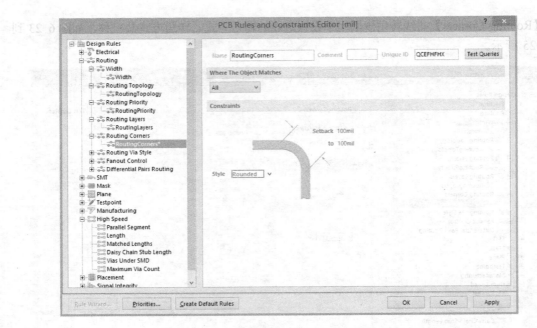

图 6-25 布线转角规则设置（弧形角）

【Routing Via Style】布线过孔类型规则，用于设置布线过程中自动放置的过孔尺寸参数。在【Constraints】区域，有两项过孔直径（Via Diameter）和过孔的钻孔直径（Via Hole Size）需要设置，如图 6-26 所示。

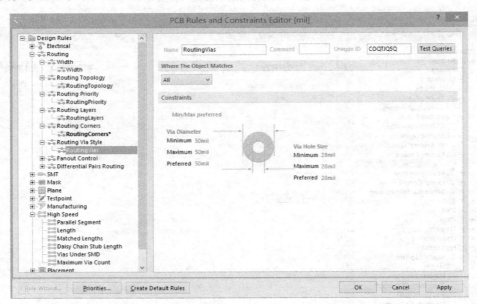

图 6-26 布线过孔类型规则

【Fanout Control】布线扇出控制规则，主要用于"球栅阵列""无引线芯片座"等种类的特殊器件布线控制。

所谓扇出，就是把表贴式元器件的焊盘通过导线引出并加以过孔，使其可以在其他层面上继续布线。扇出布线大大提高了系统自动布线的成功概率。

在默认状态下，系统包含有五种类型的扇出布线规则，分别如下。

【Fanout_BGA：BGA】封装扇出布线规则，BGA（Ball Grid Array Package）是球栅阵列封装。

【Fanout_LCC：LCC】封装扇出布线规则，LCC（Leadless Chip Carrier）是无引脚芯片封装。

【Fanout_SOIC：SOIC】封装扇出布线规则，SOIC（Small Out-line Integrated Circuit）是小外形封装，也称 SOP。

【Fanout_Small】：小型封装扇出布线规则，指元件引脚少于 5 个的小型封装。

【Fanout_Default】系统默认扇出布线规则。

每个种类的扇出布线规则选项的设置方法都相同，如图 6-27 所示。

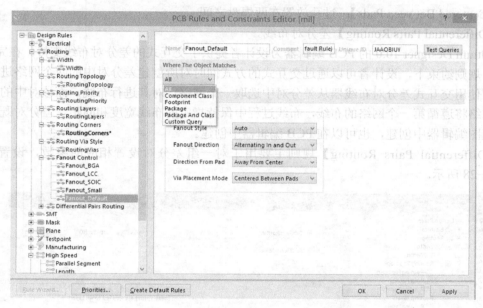

图 6-27　扇出布线规则选项设置

【Fanout Style】：扇出类型，选择扇出过孔与 SMT 元件的放置关系。

【Auto】：扇出过孔自动放置在最佳位置。

【Inline Rows】：扇出过孔放置成两个直线的行。

【Staggered Rows】：扇出过孔放置成两个交叉的行。

【BGA】：扇出重现 BGA。

【Under Pads】：扇出过孔直接放置在 SMT 元件的焊盘下。

【Fanout Direction】扇出方向，确定扇出的方向。

【Disable】：不扇出。

【In Only】：只向内扇出。

【Out Only】：只向外扇出。

131

【In Then Out】:先向内扇出,空间不足时再向外扇出。
【Out Then In】:先向外扇出,空间不足时再向内扇出。
【Alternating In and Out】:扇出时先内后外交替进行。
【Direction From Pad】:焊盘扇出方向选择项。
【Away From Center】:以45°向四周扇出。
【North-East】:以东北向45°扇出。
【South-East】:以东南向45°扇出。
【South-West】:以西南向45°扇出。
【North-West】:以西北向45°扇出。
【Towards Center】:以45°向中心扇出。
【Via Placement Mode】:扇出过孔放置模式。
【Close To Pad(Follow Rules)】:接近焊盘。
【Centered Between Pads】:过孔放置在两焊盘之间。
【Differential Pairs Routing】差分对布线。

Altium Designer 10.0 的 PCB 编辑器为设计者提供了交互式的差分对布线支持。在完整的设计规则约束下,设计者可以通过交互式的方式同时对所创建差分对中的两个网络进行布线,即使用交互式差分对布线器从差分对中选取一个网络,对其进行布线,而该对中的另外一个网络将遵循第一个网络的布线,布线过程中保持指定的布线宽度和间距。差分对既可以在原理图编辑器中创建,也可以在 PCB 编辑器中创建。

【Differential Pairs Routing】规则主要用于对一组差分对设置相应的参数,设置窗口如图 6-28 所示。

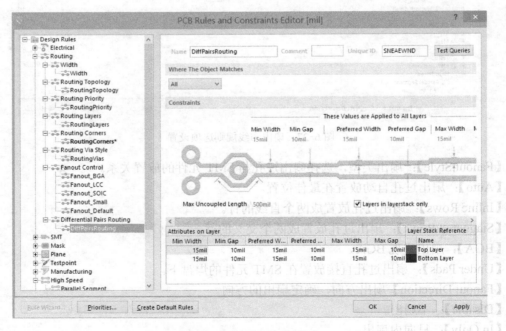

图 6-28 差分对布线设置

【Constraints】区域内，需要对差分对内部的两个网络之间的最小间距（Min Gap）、最大间距（Max Gap）、优选间距（Preferred Gap）以及最大耦合长度（Max Uncoupled Length）进行设置，以便在交互式差分对布线器中使用，并在 DRC 校验中进行差分对布线的验证。

选中【Layers in layerstack only】复选框后，下面的列表中只显示图层堆栈中定义的工作层。

6.2.3 SMT 设计规则

此类规则主要针对表贴式元件的布线。

【SMD To Corner】：表贴式焊盘引线长度规则用于设置 SMD 元件焊盘与导线拐角之间的最小距离。表贴式焊盘的引出线一般都是引出一段长度之后才开始拐弯，这样就不会出现和相邻焊盘太近的情况。

用鼠标右键单击【SMD To Corner】选项，在右键菜单中选择添加新规则命令（New Rule…），在【SMD To Corner】下出现一个名称为【SMD To Corner】的新规则，单击新规则，打开规则对话框设置界面，在 Constraints 区域设置，如图 6-29 所示。

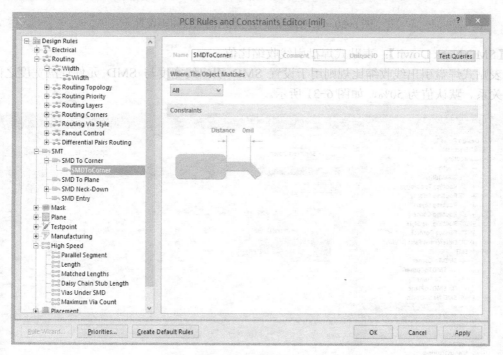

图 6-29　表贴式焊盘引线长度规则设置

【SMD To Plane】：表贴式焊盘与内电层的连接间距。

表贴式焊盘与内电层的连接间距规则用于设置 SMD 与内电层（Plane）的焊盘或过孔之间的距离。表贴式焊盘与内电层连接只能用过孔来实现，这个规则设置指出要离 SMD 焊盘中心多远才能使用过孔与内电层连接。默认值为 0mil，如图 6-30 所示。

133

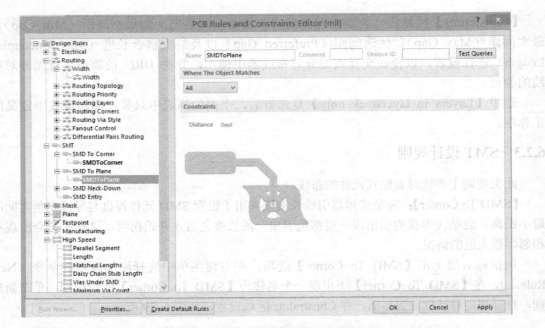

图 6-30　表贴式焊盘与内电层的连接间距设置

【SMD Neck Down】：表贴式焊盘引线收缩比值。

表贴式焊盘引出线收缩比规则用于设置 SMD 引出线宽度与 SMD 元件焊盘宽度之间的比值关系。默认值为 50%，如图 6-31 所示。

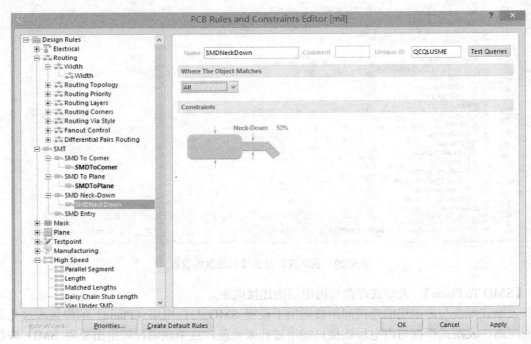

图 6-31　表贴式焊盘引线收缩比设置

6.2.4 Mask 设计规则

此类规则用于设置阻焊层、锡膏防护层与焊盘的间隔规则。

【Solder Mask Expansion】：阻焊层扩展，通常阻焊层除焊盘或过孔外，整面都是铺满阻焊剂。阻焊层的作用就是防止不该被焊上的部分被焊锡连接，回流焊就是靠阻焊层实现的。板子整面经过高温的锡水，没有阻焊层的裸露电路板粘锡就被焊住了，而有阻焊层的部分则不会粘锡。阻焊层的另一作用就是提高布线的绝缘性、防氧化和美观。

在电路板制作的时候，使用 PCB 设计软件设计的阻焊层数据制作绢板，再用绢板把阻焊剂（防焊漆）印制到电路板上时，焊盘或过孔被空出，空出的面积要比焊盘或过孔大一些，这就是阻焊层扩展设置。如图 6-32 所示，在 Constraints 区域设置 Expansion 参数，即阻焊层相当于焊盘的扩展规则。

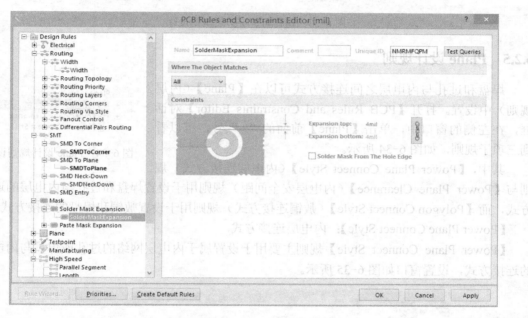

图 6-32　阻焊层扩展规则设置

【Paste Mask Expansion】：锡膏防护层扩展。

表贴式元件在焊接前，先对焊盘涂一层锡膏，然后将元件贴在焊盘上，再用回流焊机焊接。通常在大规模生产时，表贴式焊盘的涂膏是通过一个钢模完成的。钢模上对应焊盘的位置按焊盘形状镂空，涂膏时将钢模覆盖在电路板上，将锡膏放在钢模上，用括板来回括，锡膏透过镂空的部分涂到焊盘上。PCB 设计软件的锡膏层或锡膏防护层的数据层就是用来制作钢模的，钢模上镂空的面积要比设计焊盘的面积小，此处设置的规则即是这个差值的最大值。如图 6-33 所示，在 Constraints 区域设置 Expansion 的数值，即钢模镂空比设计焊盘收缩多少，默认值为 0mil。

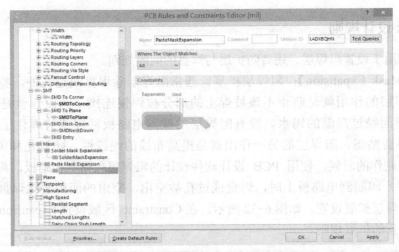

图 6-33 锡膏防护层扩展规则设计

6.2.5 Plane 设计规则

焊盘和过孔与内电层之间连接方式可以在【Plane】(内层规则)中设置。打开【PCB Rules and Constraints Editor】对话框,在左侧的窗口中,单击【Plane】前面的"+"号,可以看到三项子规则,如图 6-34 所示。

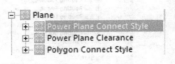

图 6-34 Plane 设计规则设置

其中,【Power Plane Connect Style】(内电层连接方式)规则与【Power Plane Clearance】(内电层安全间距)规则用于设置焊盘和过孔与内电层的连接方式,而【Polygon Connect Style】(敷铜连接方式)规则用于设置敷铜和焊盘的连接方式。

【Power Plane Connect Style】:内电层连接方式。

【Power Plane Connect Style】规则主要用于设置属于内电层网络的过孔或焊盘与内电层的连接方式,设置窗口如图 6-35 所示。

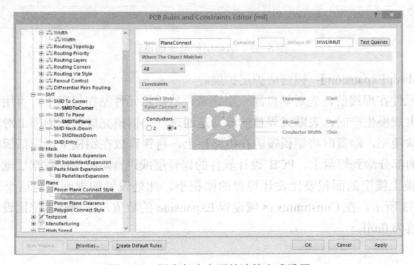

图 6-35 焊盘与内电层的连接方式设置

在【Constraints】区域内，提供了3种连接方式。

【Relief Connect】：辐射连接。即过孔或焊盘与内电层通过几根连接线相连接，是一种可以降低热扩散速度的连接方式，避免因散热太快而导致焊盘和焊锡之间无法良好融合。在这种连接方式下，需要选择连接导线的数目（2或者4），并设置导线宽度、空隙间距和扩展距离。

【Direct Connect】：直接连接。在这种连接方式下，不需要任何设置，焊盘或者过孔与内电层之间阻值会比较小，但焊接比较麻烦。对于一些有特殊导热要求的地方，可采用该连接方式。

【No Connect】：不进行连接。系统默认设置为【Relief Connect】，这也是工程制板常用的方式。

【Power Plane Clearance】：内电层安全间距。

【Power Plane Clearance】：主要用于设置不属于内电层网络的过孔或焊盘与内电层之间的间距，设置窗口如图 6-36 所示。

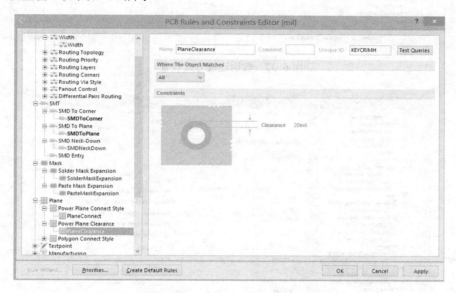

图 6-36 焊盘与内电层之间的间距设置

【Constraints】区域内只需要设置适当的间距值即可。

【Polygon Connect Style】：敷铜连接方式，【Polygon Connect Style】规则的设置窗口如图 6-37 所示。

与【Power Plane Connect Style】规则设置窗口基本相同。只是在【Relief Connect】方式中多了一项角度控制，用于设置焊盘和敷铜之间连接方式的分布方式，即采用"45 Angle"时，连接线呈"x"形状；采用"90 Angle"时，连接线呈"+"形状。

6.2.6 Testpoint 设计规则

此类规则用于设置测试点的样式和使用方法的规则。

【Testpoint Style】：测试点样式，测试点样式规则用于设置测试点的形状和大小，如

图 6-38 所示。

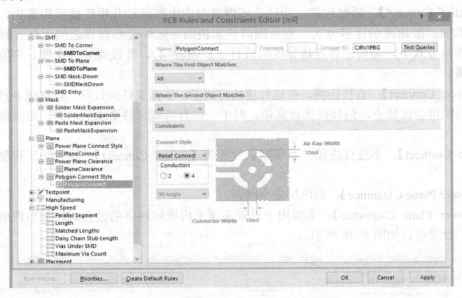

图 6-37 敷铜连接方式设置

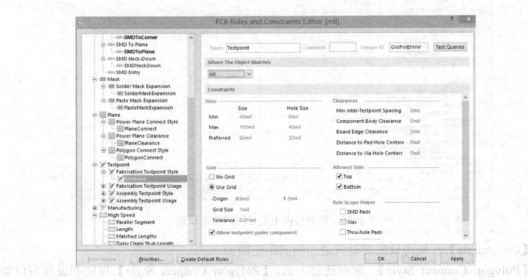

图 6-38 测试点样式设置

【Style】区域包括 "Size" 和 "Hole Size" 两栏, 每栏有三项。

【Size】: 测试点的大小。

【Hole Size】: 测试点的钻孔大小。

【Min】: 最小尺寸限制。

【Max】: 最大尺寸限制。

【Preferred】: 最优尺寸限制。

【Grid Size】: 区域设置放置测试点的网格大小。

【Testpoint Grid Size】：放置测试点的网格大小。
【Allow testpoint under component】：勾选该选项，测试点可以放置在元件（封装）下面。
【Allow Side and Order】：列表框选择允许放置测试点的层面和命令。
【Use Existing SMD Bottom Pad】：使用现成的底层表贴式焊盘为测试点。
【Use Existing Thru-Hole Bottom Pad】：使用现成的底层针脚式焊盘为测试点。
【Use Existing Via ending on Bottom Layer】：使用现成的结束端在底层过孔为测试点。
【Create New SMD Bottom Pad】：在底层新建表贴式焊盘为测试点。
【Create New Thru-Hole Bottom Pad】：在底层新建针脚式焊盘为测试点。
【Use Existing SMD Top Pad】：使用现成的顶层表贴式焊盘为测试点。
【Use Existing Thru-Hole Top Pad】：使用现成的顶层针脚式焊盘为测试点。
【Use Existing Via starting on Top Layer】：使用现成的开始端在顶层过孔为测试点。
【Create New SMD Top Pad】：在顶层新建表贴式焊盘为测试点。
【Create New Thru-Hole Top Pad】：在顶层新建针脚式焊盘为测试点。
【Testpoint(s)】：测试点使用方法，测试点使用方法规则用于设置测试点的用法，如图 6-39 所示。

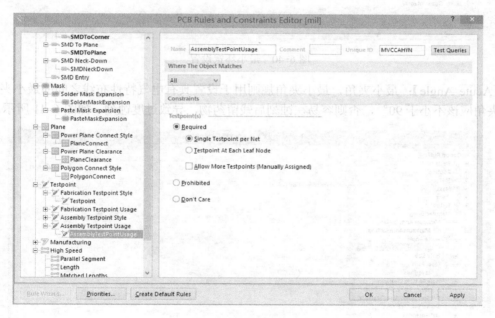

图 6-39　设置测试点

【Allow More Testpoints】：选项勾选时，允许在同一个网络上设置多个测试点。
【Required】：测试点是必要的。
【Prohibited】：测试点不是必要的。
【Don't Care】：有无测试点都无关系。

6.2.7　Manufacturing 设计规则

此类规则主要设置与电路板制造有关的规则。

【Minimum Annular Ring】：最小环宽，最小环宽规则用于设置最小环形布线宽度，即焊盘或过孔与其钻孔之间的直径之差，如图6-40所示。

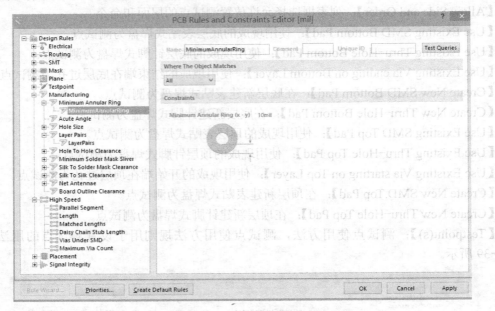

图6-40　最小环宽设置

【Acute Angle】：最小夹角，最小夹角规则用于设置具有电气特性布线之间的最小夹角。最小夹角应该不小于90°，否则容易在蚀刻后残留药物，导致过度蚀刻，如图6-41所示。

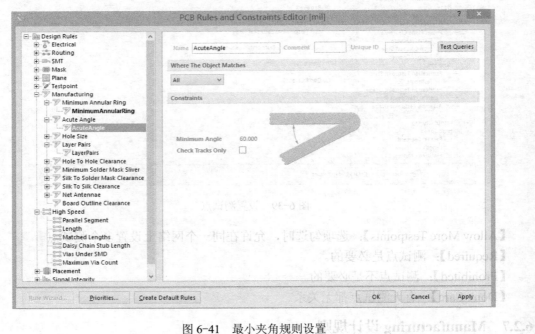

图6-41　最小夹角规则设置

【Hole Size】：钻孔尺寸，钻孔尺寸规则用于钻孔直径的设置，如图6-42所示。

图 6-42 钻孔尺寸设置

【Measurement Method】：钻孔尺寸标注方法，下拉框中有两个选项。

【Absolute】：为采用绝对尺寸标注钻孔直径。

【Percent】：为采用钻孔直径最大尺寸和最小尺寸的百分比标注钻孔尺寸，如图 6-43 所示。

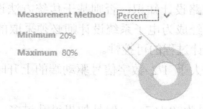

图 6-43 钻孔直径最大尺寸和最小尺寸的百分比

【Minimum】：设置钻孔直径的最小尺寸。

【Maximum】：设置钻孔直径的最大尺寸。

【Layer Pairs】钻孔板层对：钻孔板层对规则用于设置是否允许使用钻孔板层对。在【Constraints】区域勾选【Enforce layer pairs setting】选项时，强制采用钻孔板层对设置，如图 6-44 所示。

6.2.8 High Speed 设计规则

此规则用于设置高频电路设计的有关规则。

在数字电路中，是否为高频电路取决于信号的上升沿，而不是信号的频率，计算公式为：$F2=1/(Tr \times \Pi)$，Tr 为信号的上升/下降沿时间。$F2>100MHz$，就应该按照高频电路进行考虑，下列情况必须按高频规则进行设计。

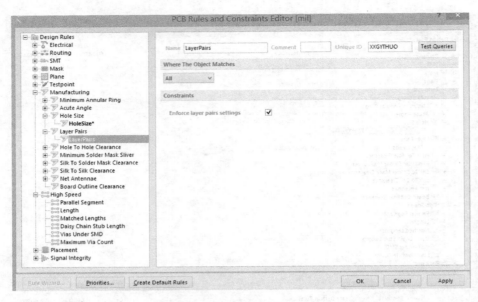

图 6-44 强制采用钻孔板层对设置

系统时钟频率超过 50MHz 时，采用了上升下降时间少于 5ns 的器件，数字/模拟混合电路。随着系统设计复杂性和集成度的大规模提高，电子系统设计师们正在从事 100MHz 以上的设计，总线的工作频率也已经达到或者超过 50MHz，有的甚至超过 100MHz。目前约 50% 设计时钟频率超过 50MHz，将近 20%的设计时钟主频超过 120MHz。

当系统工作在 50MHz 时，将产生传输线效应和信号的完整性问题。而当系统始终达到 120MHz 时，除非使用高速电路设计知识，否则基于传统方法设计的 PCB 将无法工作。因此，高速电路设计技术设计已经成为电子系统设计师必须采取的设计手段。只有通过高速电路设计师的设计，才能实现设计过程的可控性。

通常约定如果线传播延时大于 1/2 数字信号驱动端的上升时间，则认为此类信号是高速信号并产生传输线效应。

PCB 上每单位英寸的延时为 0.167ns，但是如果过孔过多，器件引脚多，布线上设置的约束多，延时将增大。

如果设计中有高速跳变的边沿，就必须考虑到在 PCB 上存在传输线效应的问题。现在普遍使用的高时钟频率的快速集成电路芯片更是存在这样的问题。解决这个问题有一些基本原则：如果采用 CMOS 或 TTL 电路进行设计，工作频率小于 10MHz，布线长度应不大于 7in，工作频率在 50MHz 布线长度应不大于 1.5in。如果工作频率达到或超过 75MHz 布线长度应不超过 1in。对于 GaAs（砷化镓）芯片最大的布线长度应为 0.3in，如果超过这个标准，就存在传输线效应问题。

解决传输线效应的另一个方法是选择正确的布线路径和终端拓扑结构。走线的拓扑结构是指一根网线的布线顺序及布线结构。当使用高速逻辑器件时，除非走线分支长度保持很短，否则边沿快速变化的信号将被信号主干走线上的分支走线所扭曲。在通常情况下，PCB 走线采用两种基本的拓扑结构，即（Daisy）布线和（Star）布线。

对于 Daisy 布线，布线从驱动端开始，依次达到各接收端。如果使用串联电阻来改变信号特性，串联电阻的位置应该紧靠驱动端。在控制走线的高次谐波干扰方面，Daisy 走线效果最好，但是布通率较低。

Star 拓扑结构可以有效地避免时钟信号的不同步问题，但在密度很高的 PCB 上手工完成布线很困难，采用自动布线器是完成星形布线的最好方法。每条分支上都需要终端电阻。终端电阻的阻值应和连线的特征阻抗相匹配，可通过手工计算，也可通过设计工具计算出来。

高速 PCB 电路的设计规则是影响高速电路板是否设计成功的关键，Altium Designer 提供了六大类高速电路设计规则，为用户进行高速电路设计提供了有力的支持。

【Parallel Segment】：平行线段限制规则，在高速电路中，长距离的平行走线往往会引起线间串扰。串扰的程度是随着长度和间距的不同而变化的。这个规则限定两个平行连线元素的距离。可在输入框中输入指定的数据，如图 6-45 所示。

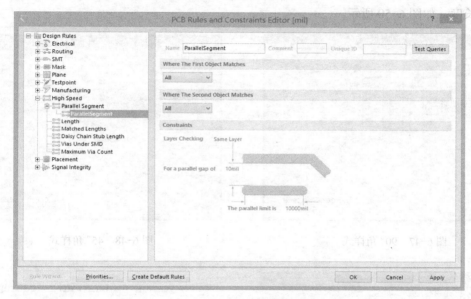

图 6-45　平行线段限制规则设置

【Layer Checking】：指定平行布线层。下拉框中有以下两种选择。

【Same Layer】：同一层。

【Adjacent Layer】：相邻层。

【For a parallel gap of】：设置平行布线的最小间距，默认为 10mil。

【The parallel limite is】：设置平行布线的极限长度，默认为 10000mil。

【Length】：长度限制规则，这个规则规定一个网络的最大、最小长度，可在输入框中输入数据，如图 6-46 所示。

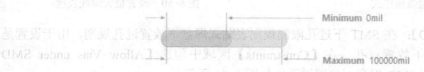

图 6-46　布线长度限制规则设置

【Matched Net Lengths】：匹配网络长度规则，此规则定义不同长度网络的相等匹配公差。PCB 编辑器定位于最长的网络（基于规则适用范围），并与该作用范围规定的每一个其他网络比较。

规则定义了怎样匹配不符合匹配长度要求的网络长度。PCB 编辑器插入部分折线，以使它们长度相等。

如果希望 PCB 编辑器通过增加折线匹配网络长度，就可以设置【Matched Net Lengths】规则，然后执行【Tools】|【Equalizer Nets】命令。匹配长度规则将被应用到规则指定的网络，而且折线将被加到那些超过公差的网络中。成功的概率取决于可得到的折线空间大小和被用到的折线的式样。90°样式是最紧凑的，圆角矩形样式是最不紧凑的，【Style】选择折线式样的效果如图 6-47 到图 6-49 所示。

【Amplitude】：输入折线的振幅高度。【Daisy Chain Stub Length】：用于设置走线时支线的最大长度，如图 6-50 所示。

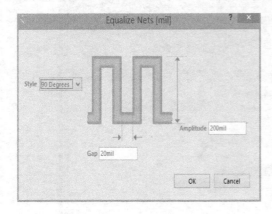

图 6-47　90°角样式

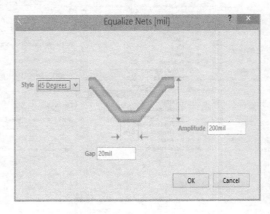

图 6-48　45°角样式

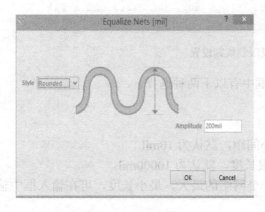

图 6-49　圆弧角样式

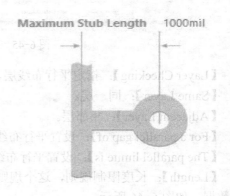

图 6-50　设置最大短线长度

【Vias Under SMD】：在 SMT 下过孔限制规则表贴式焊盘下放置过孔规则，用于设置是否允许在 SMD 焊盘下放置过孔。在【Constraints】区域中勾选【Allow Vias under SMD Pads】选项时，允许在 SMD 焊盘下放置过孔，如图 6-51 所示。

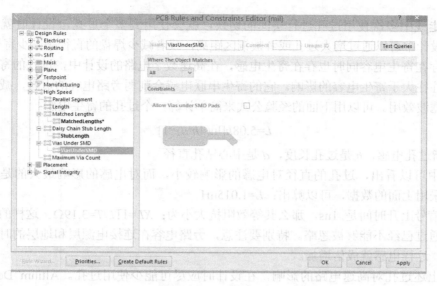

图 6-51 SMD 焊盘下放置过孔

【Maximum Via Count】：最大过孔数限制规则。在高速 PCB 设计时，设计者总是希望过孔越小越好，这样板子可以留有更多的布线空间。此外，过孔越小，其自身的寄生电容也越小，更适合用于高速电路。但孔尺寸的减少同时带来了成本的增加。而且过孔的尺寸不可能无限制的减小，它受到钻孔和电镀等工艺技术的限制：孔越小，钻孔需花费的时间越长，也容易偏离中心位置；且当孔的深度超过钻孔直径的 6 倍时，就无法保证孔壁能均匀敷铜。

随着激光钻孔技术的发展，钻孔的尺寸也可以越来越小，一般直径小于等于 6mil 的过孔称为微孔。在 HDI（高密度互连结构）设计中经常使用到微孔，微孔技术可以允许过孔直接打在焊盘上，这大大提高了电路性能，节约了布线空间。

过孔在传输线上表现为阻抗不连续的断点，会造成信号的反射。一般过孔的等效阻抗比传输线低 12% 左右，比如 50Ω 的传输线在经过过孔时阻抗会减少 6Ω（具体和过孔尺寸、板厚也有关，不是绝对减少）。但过孔因为阻抗不连续而造成的反射其实是微不足道的，其反射系数仅为：(50−44)/(50+44)=0.06，过孔产生的问题更多地集中于寄生电容和电感的影响。

过孔本身存在着杂散电容，如果已知过孔在铺地层上的阻焊区直径为 $D2$，过孔焊盘直径为 $D1$，PCB 厚度为 T，板基材介电常数为 a，则过孔的寄生电容大小近似于：

$$C=1.41\varepsilon TD1/(D2-D1) \qquad (6-1)$$

过孔的寄生电容会给电路造成的主要影响是延长了信号的上升时间，降低了电路的速度。举例来说，对于一块厚度为 50mil 的 PCB，如果使用的过孔焊盘直径为 20mil（钻孔直径为 10mil），阻焊区直径为 40mil，则可以通过上面的公式近似计算出过孔的寄生电容：

$$C=1.41\times4.4\times0.050\times0.020/(0.040-0.020)=0.31\text{pf} \qquad (6-2)$$

这部分电容引起的信号的上升时间变化量大致为：

$$T=2.2C(50/2)=17.05\text{ps} \qquad (6-3)$$

从这些数字可以看出，尽管单个过孔的寄生电容引起的上升沿变缓的效用不是很明显，但是如果走线中多次使用过孔进行层间的切换，就会使用到多个过孔，设计时就要慎重考虑。实际设计中可以通过增大过孔或者敷铜区距离，或者减少焊盘的直径来减少寄生电容。

过孔存在寄生电容同时也存在寄生电感，在高速数字电路的设计中，过孔的寄生电感带来的危害往往大于寄生电容的影响。它的寄生串联电感会削弱旁路电容的贡献，减弱整个电源系统的滤波效用。可以用下面的经验公式来简单计算一个过孔的寄生电感：

$$L=5.08h[\ln(4h/d)+1] \tag{6-4}$$

其中，L 指过孔电感，h 是过孔长度，d 是中心钻孔直径。

从式中可以看出，过孔的直径对电感的影响较小，而对电感的影响最大的是过孔的长度，仍然采用上面的数据，可以算出：$L=1.015\text{nH}$

如果信号上升时间是 1ns，那么其等效阻抗大小为：$XL=\Pi L/T=3.19\Omega$。这样的阻抗在有高频电流通过已经不能够被忽略。特别要注意，旁路电容在连接电源层和地层的时候需要通过两个孔，这样电感就成倍增加。

鉴于上述过孔对高速电路的影响，在设计时应尽可能少使用过孔。Altium Designer 中【Maximum Via Count】过孔数限制规则用于设置高速电路板中使用过孔的最大数，用户可根据需要设置电路板总过孔数，或某些对象的过孔数，以提高电路板的高频性能，如图 6-52 所示。

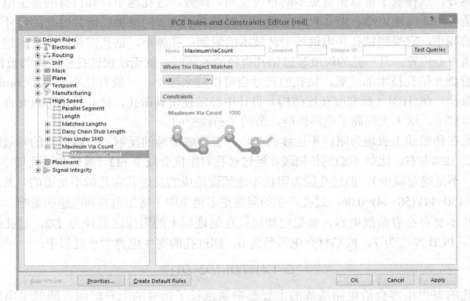

图 6-52 过孔数限制规则

6.2.9 Placement 设计规则

在这里设置元件布局规则，在使用 Cluster Placer 自动布局器的过程中执行，一共有 6 种规则。

【Room Definition】：元件布置区间定义，元件布置区间定义规则用于定义元件放置区间（Room）的尺寸及其所在的板层，如图 6-53 所示。采用器件放置工具栏中的内部排列功能，可以把所有属于这个矩形区域的器件移入到这个矩形区域。一旦器件类被指定到某一个矩形区域，矩形区域移动时器件也会跟着移动。

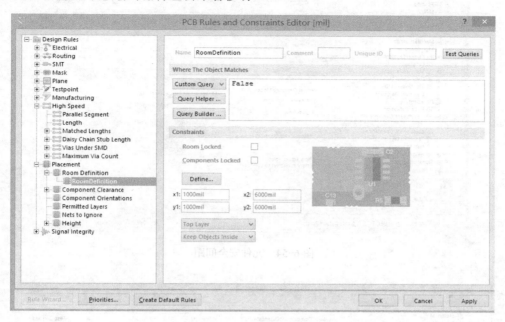

图 6-53　元件布置区间定义设置

【Room Locked】：锁定元件的布置区间，当区间被锁定后，可以选中，但不能移动或者直接修改大小。

【Components Locked】：锁定 Room 中的元件。

如果希望在 PCB 图上定义 Room 位置，则可单击该按钮直接进入 PCB 图，按照需要用光标画出多边形边界，选取后屏幕会自动返回编辑器。Room 可以设置为矩形，也可以设置为多边形。也可以通过 x1、x2、y1、y2 两点坐标定义 Room 边界。

【Constraints】区域下方第一个下拉框选择当前电路板中的可用层作为"Room"放置层。"Room"只能放置在 Top 层和 Bottom 层上。

【Constraints】区域下方第二个下拉框选择元件放置位置。

【Keep Objects Inside】：元件放置在"Room"内。

【Keep Objects Outside】：元件放置在"Room"外。

【Components Clearance】：元件安全间距，此规则规定元件间最小距离，如图 6-54 所示。

【Vertical Check Mode】：垂直方向的校验模式

【Infinite】：无特指情况。

【Specified】：有特指情况。

【Minimum Horizontal Gap】：水平间距最小值。

【Minimum Vertical Gap】：垂直间距最小值。

【Components Orientation】：元件放置方向：元件放置方向规则用于设置元件封装的放置方向，如图 6-55 所示。

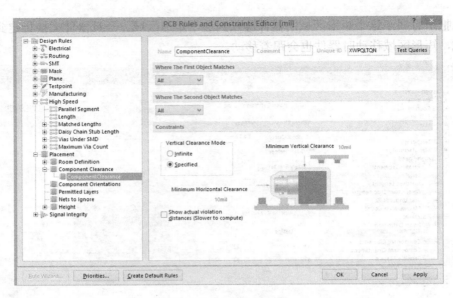

图 6-54 元件安全间距

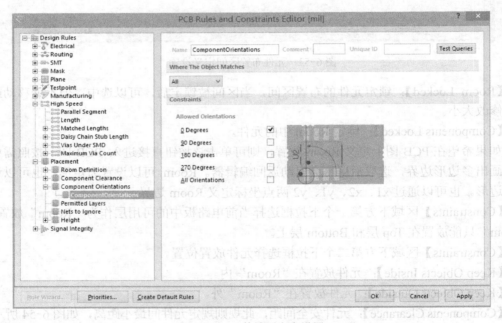

图 6-55 元件放置方向设置

【Permitted Layers】：元件放置板层，元件放置层规则用于设置自动布局时元件封装允许放置的板层，如图 6-56 所示。

【Nets to Ignore】：元件放置忽略的网络规则设置，元件放置忽略的网络规则用于设置自动布局时可忽略的网络。组群式自动布局时，忽略电源网络可以使得布局速度和质量有所提高，如图 6-57 所示。

【Height】：元件高度规则设置，元件高度规则用于设置 Room 中的元件的高度，不符合规则的元件将不能被放置，如图 6-58 所示。

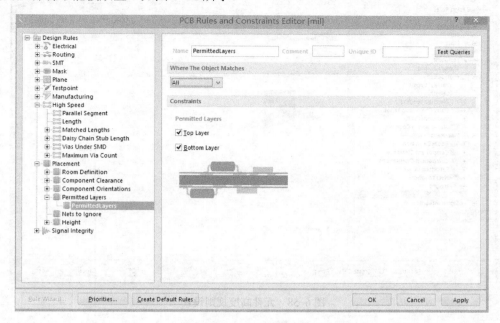

图 6-56　元件放置板层设置

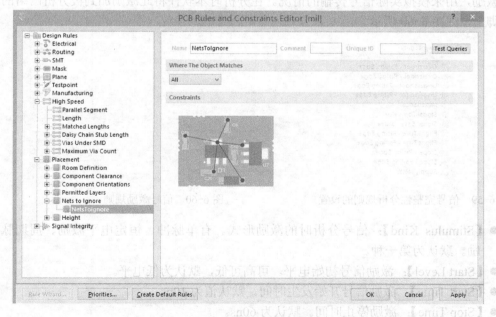

图 6-57　元件放置忽略的网络规则设置

6.2.10　Signal Integrity 设计规则

此规则用于信号完整性分析规则的设置。共分为 13 种，如图 6-59 所示。

149

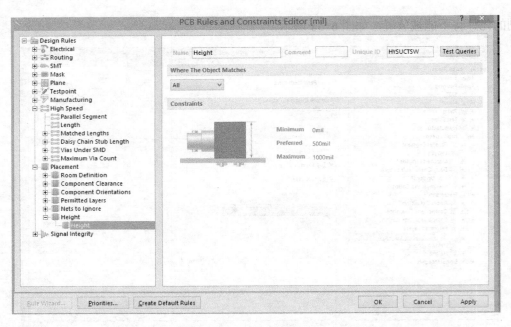

图 6-58 元件高度规则设置

【Signal Stimulus】：信号激励规则，在信号激励规则中可以设置信号完整性分析和仿真时的激励，用来模拟实际信号传输的情况。在分析时本软件将此激励加到被分析网络的输出型引脚上，如图 6-60 所示。

图 6-59 信号完整性分析规则的设置　　　　图 6-60 信号激励规则

- 【Stimulus Kind】：信号分析时的激励形式。有单脉冲、恒定电平激励、周期脉冲激励。默认为第一种。
- 【Start Level】：激励信号初始电平。可高可低，默认为低电平。
- 【Start Time】：激励信号开始发生时间。默认值为 10ns。
- 【Stop Time】：激励停止时间。默认为 60ns。
- 【Period Time】：激励信号周期。默认为 100ns。

【Overshoot-Falling Edge】：下降沿过冲规则，此规则设置信号分析时允许的最大下降沿过冲，过冲值是最大下降沿过冲和低电平振荡摆的中心电平的差值。如图 6-61 所示。

【Overshoot-Rising Edge】：上升沿过冲规则，此规则设置信号分析时允许的最大上升沿过冲，过冲值是最大上升沿过冲和高电平振荡摆的中心电平的差值。如图 6-62 所示。

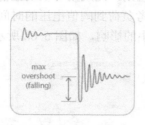 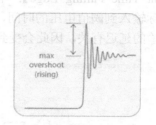

图 6-61 下降沿过冲规则设置　　　　图 6-62 上升沿过冲规则

【Undershoot-Falling Edge】：下降沿下冲规则，此规则设置信号分析时允许的最大下降沿下冲，下冲值是最大下降沿下冲和低电平振荡摆的中心电平的差值，如图 6-63 所示。

【Undershoot-Rising Edge】：上升沿下冲规则，此规则设置信号分析时允许的最大上升沿下冲，下冲值是最大上升沿下冲和高电平振荡摆的中心电平的差值，如图 6-64 所示。

 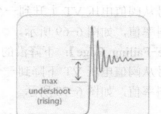

图 6-63 下降沿下冲规则　　　　图 6-64 上升沿下冲规则

【Impedance】：网络阻抗规则设置信号分析时允许的最大、最小网络阻抗。

【Signal Top Value】：信号高电平规则，此规则可以设置信号分析时所用高电平的最低数值，只有超过了这个电平才被看作是高电平，如图 6-65 所示。

【Signal Base Value】：信号低电平规则，此规则可以设置信号分析时所用低电平的最高数值，只有低于这个电平才被看作是低电平，如图 6-66 所示。

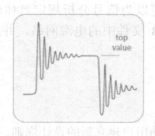 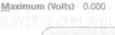 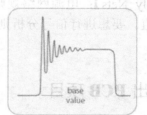

图 6-65 信号高电平规则　　　　图 6-66 信号低电平规则

【Flight Time-Rising Edge】：上升沿延迟时间规则，此规则可以设置信号分析时的上升沿驱动实际输入到阈值电压的时间，与驱动一个参考负荷到阈值电压的时间差值。这个差值和信号传输的延迟有关，因此会受到传输线负载大小的影响，如图 6-67 所示。

【Flight Time-Falling Edge】：下降沿延迟时间规则，此规则可以设置信号分析时的下降沿驱动实际输入到阈值电压的时间，与驱动一个参考负荷到阈值电压的时间差值。这个差值和信号传输的延迟有关，因此会受到传输线负载大小的影响，如图6-68所示。

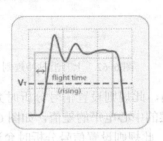 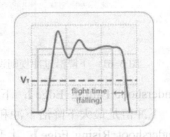

图6-67 上升沿延迟时间规则　　　　图6-68 下降沿延迟时间规则

【Slope-Rising Edge】：上升沿的斜率规则，此规则中可以设置信号分析时的上升沿的斜率，即信号从阈值电压VT上升到一个有效的高电平VIH的时间。这条规则可规定允许范围内的最大斜率值，如图6-69所示。

【Slope-Falling Edge】：下降沿的斜率规则，此规则中可以设置信号分析时的下降沿的斜率，即信号从阈值电压VT下降到一个有效的低电平VIL的时间。这条规则可规定允许范围内的最大斜率值，如图6-70所示。

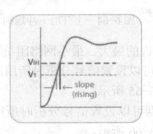 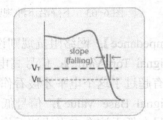

图6-69 上升沿的斜率规则　　　　图6-70 下降沿的斜率规则

【Supply Nets】：电源网络规则在此规则中可以为信号分析规定具体的电源网络，并输入其数值。要想进行信号分析则需要指定PCB文件中的电源网络，并且设置各个网络的电压。

6.3 输出PCB项目

Altium Designer提供了设计规则向导，以帮助用户建立新的设计规则。一个新的设计规则向导，总是针对某一个特定的网络或者对象而设置的，本节基本以建立一个电源线宽度规则为例，介绍规则向导使用方法。

执行菜单命令【Design】|【Rule Wizard】，或在PCB设计规则与约束编辑器中单击按钮，启动规则向导，如图6-71所示。

图 6-71 规则与约束编辑器

单击 Next> 按钮，进入选择规则类型界面，填写规则名称和注释内容，在规则列表框【Routing】目录下选择【Width Constraint】规则，如图 6-72 所示。

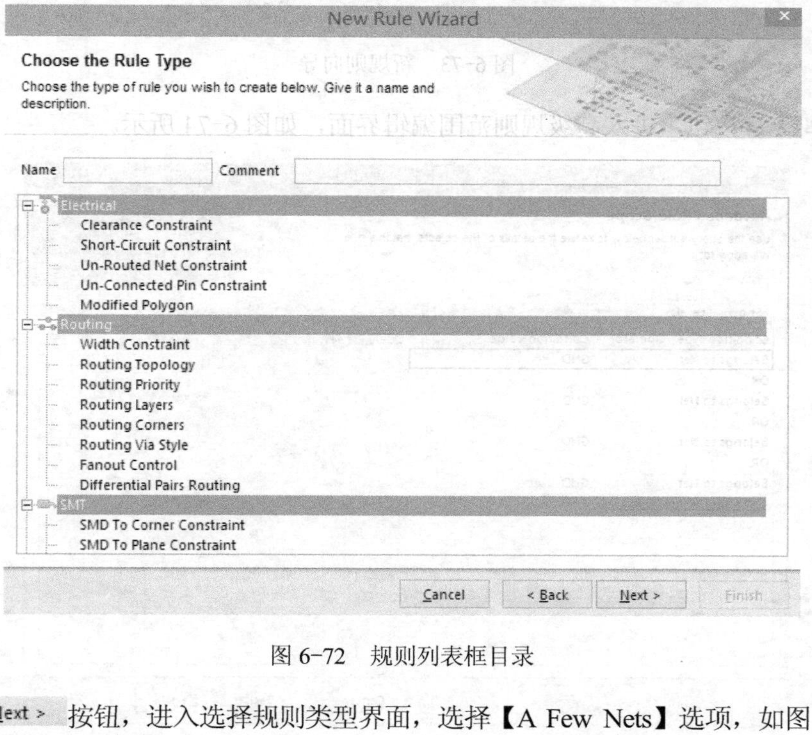

图 6-72 规则列表框目录

单击 Next> 按钮，进入选择规则类型界面，选择【A Few Nets】选项，如图 6-73 所示。图中具体选项介绍如下：

【Whole Board】：整个电路板。

【1 Net】：一个网络。

【A Few Nets】：几个网络。
【A Net in a Particular Component】：特定元件的一个网络。
【Advanced（Start With a Blank Query）】：高级（启动查询）。

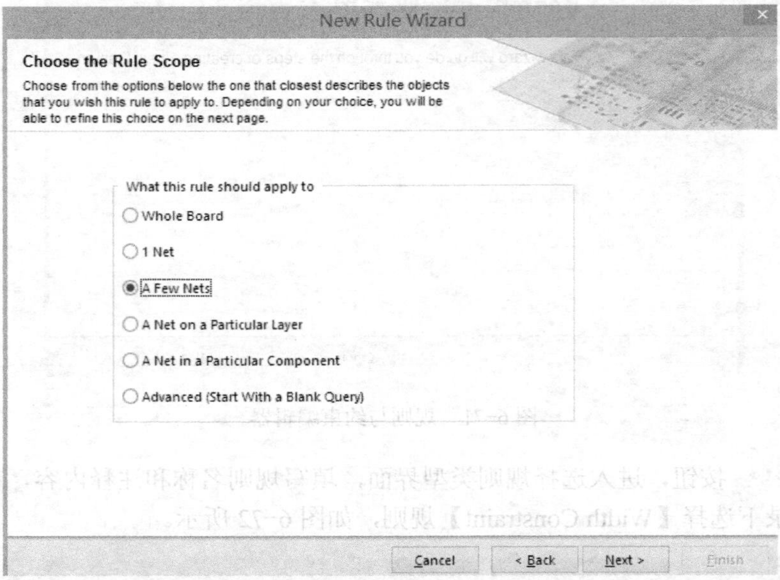

图 6-73 新规则向导

单击 Next > 按钮，进入高级规则范围编辑界面，如图 6-74 所示。

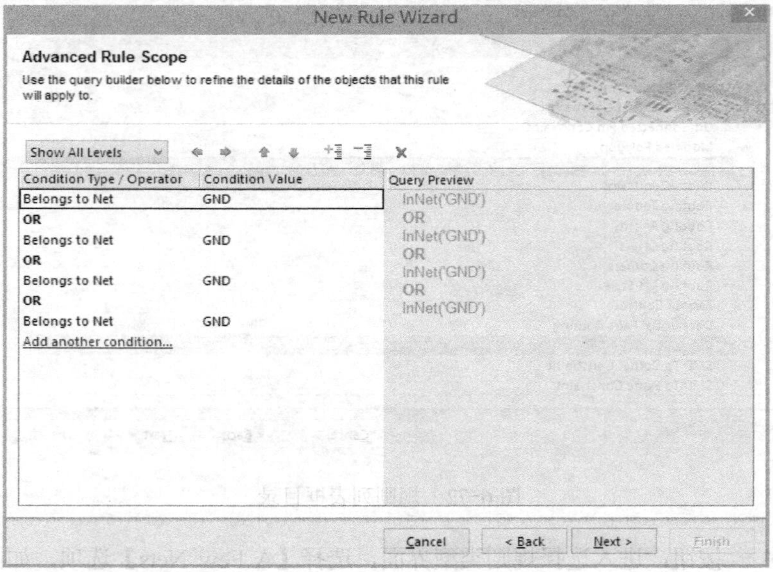

图 6-74 高级规则范围编辑界面

单击 Next > 按钮，进入选择规则优先级界面，如图 6-75 所示。用户可以选中名称栏按钮的规则名称，单击 Increase Priority 按钮，提高规则级别。Priority 栏的数字越小级别越高。现在使用默认级别，电源为最高级别。

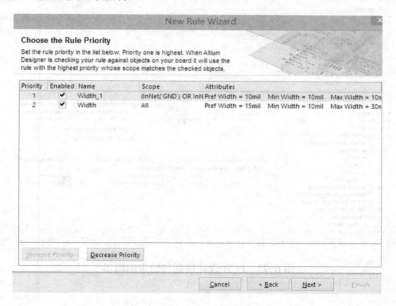

图 6-75 规则优先级界面设置

单击 Next> 按钮，进入新规则完成界面，如图 6-76 所示，在该界面直接修改布线宽度为：Pref Width=20mil, Min Width=10mil, Max Width=30mil。勾选【Launch main design rules dialog】选项，即启动主设计规则对话框选项。

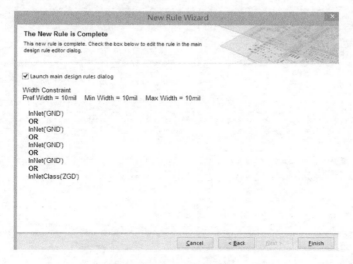

图 6-76 新规则完成界面

单击 Next> 按钮，退出规则向导，系统启动 PCB 设计规则与约束编辑器，如图 6-77 所示。

在 PCB 设计规则与约束编辑器的【Constraints】区域编辑宽度参数，单击【OK】按钮，新规则设置结束。

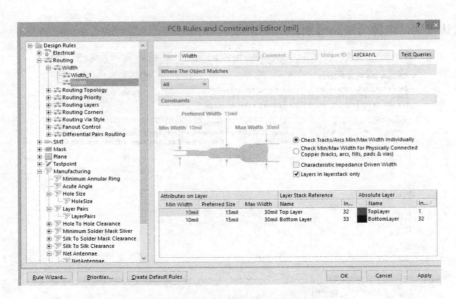

图 6-77 PCB 设计规则与约束编辑器

第7章 电路设计实例1：单片机恒电位电路设计

7.1 实例简介

恒电位仪模块电路是用于测试传感器、太阳能电池性能的仪器，本实例通过对恒电位仪模块电路的分立元器件封装库制作、原理图设计和 PCB 的绘制来讲述模块电路设计的完整流程。

如图 7-1 所示，为恒电位仪模块电路原理图。恒电位仪模块电路元器件数量少，多数元器件的封装能够在 Altium designer 软件自带的 Miscellaneous Devices.IntLib 和 Miscellaneous Connectors.IntLib 两个集成库中找到。在此实例中，原则上只需绘制集成运算放大器 OP07、数模-模数转换器 PCF8591、开关这三个元器件的封装集成库，但是 Altium designer 软件库中的封装 XTAL 与普通晶振的引脚位置不同，如果强插到不合适的焊盘上，可能会引起晶振的损坏，所以最好重新绘制晶振的封装集成库。

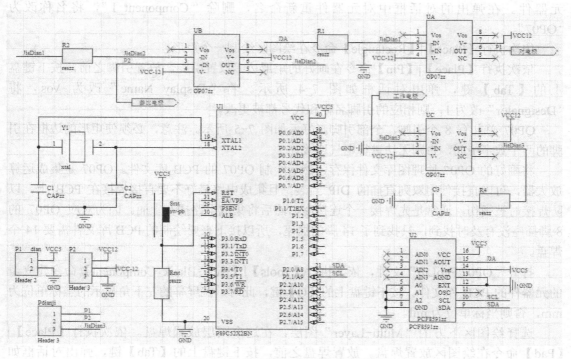

图 7-1 单片机恒电位模块电路原理图

7.2 元件的制作

7.2.1 制作 OP07 芯片插座的封装

依次执行【File】|【New】|【Project】|【Integrated Library】命令建立集成库工程。
依次执行【File】|【New】|【Library】|【Schematic Library】命令建立原理图库文件。
依次执行【File】|【New】|【Library】|【PCB Library】命令建立 PCB 库文件。

此时侧面的工程区显示如图 7-2 所示。在集成库工程名称的后面有一个"*"，代表工程或者文件出现改动，且没有保存。将鼠标指针放在"Integrated_Library1.LibPkg"上，单击鼠标右键，选择【Save Project】命令。将集成库工程和文件都改名为"OP07"，保存在路径"E:\例程第 7 章\OP07"下。保存成功后如图 7-3 所示，集成库工程名称后面的"*"消失了，证明集成库工程和文件都已经保存完毕。

图 7-2 未保存的集成库工程和文件 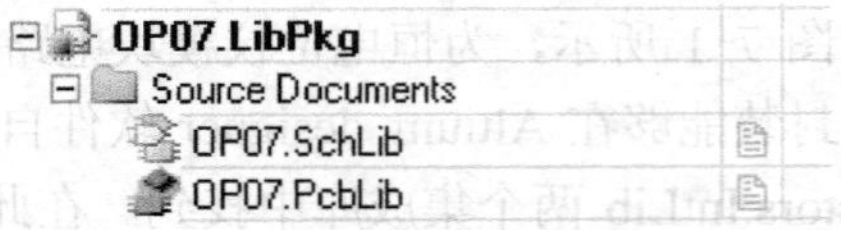　　　　图 7-3 保存成功后的集成库工程和文件

打开原理图库文件 OP07.SchLib。依次执行【Tools】|【New Component】命令建立新的元器件。在弹出的对话框中对元器件重新命名，删除"Component_1"，将名称改为"OP07"。

依次执行【Place】|【Rectangle】命令在绘图区绘制一个矩形。

依次执行【Place】|【Pin】命令在画好的矩形边上放置引脚，放置引脚之前，按下键盘上的【Tab】键，弹出对话框如图 7-4 所示。将"Display Name"改为 Vos，将"Designator"改为 1，则相应的引脚名称和代号都被更改。

OP07 总共有 8 个引脚，全部引脚画好后如图 7-5 所示。注意，必须使矩形的边框在引脚的两个数字中间，否则无法进行电气连接。

将画好的 OP07 原理图库文件保存，然后绘制 OP07 的 PCB 库文件。OP07 是集成运算放大器，可以直接使用双列直插的 DIP 封装，且集成电路最好不要直接焊接在 PCB 上，以防焊接时被烫伤。通常是先焊接一个连接座，然后将集成电路插在上面。因为对应 OP07 的 8 脚插座没有及时找到，只找到了 14 脚的插座，所以接下来要绘制的 PCB 库文件需要 14 个焊盘。

打开"OP07.PcbLib"文件，依次执行【Tools】|【New Blank Component】命令建立新的元器件的 PCB 库文件。按下键盘上的【Q】键，此时，在屏幕的左下角显示的坐标单位为 mm，否则坐标单位为 mil。

选择绘图区下方的"Multi-Layer"图层，在这个图层放置焊盘。依次执行【Place】|【Pad】命令在绘图区放置焊盘。放置焊盘之前，按下键盘上的【Tab】键，弹出对话框如图 7-6 所示。

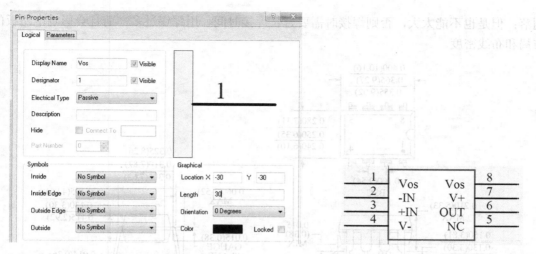

图 7-4　修改引脚参数性能　　　　图 7-5　画好后的 OP07 库文件的原理图

图 7-6　设置焊盘参数

图 7-6 的上方是焊盘的示意图，在这个区域可以实时观测图形变化。焊盘图形显示为同心圆，中间绿色的圆为焊盘的孔，外侧白色的同心圆为焊盘的焊接区域。孔径应该比所焊接的元器件引线的直径略大一些，这样可以让元器件插上去；但是孔径不能太大，否则元器件容易晃动，引起虚焊。焊盘孔径应该比实际要焊接的元器件引线的直径大 0.2～0.3mm。同一块电路板上，尽量使用同一尺寸的焊盘，降低加工成本。要制作元器件的 PCB 库文件，就要知道相应元器件的尺寸。集成运算放大器 OP07 的封装尺寸图如图 7-7 所示，OP07 的引脚直径约为 0.5mm，那么焊盘的孔径大小设置为 0.762mm（软件系统默认）。焊盘的焊接区域的直径（称为外径）一般应当比焊盘孔径大 1.3mm 以上。在高密度的单面电路板上，焊接的最小外径可以比焊盘孔径大 1mm，但是如果外径太小，焊盘在焊接时就容易粘段或

159

剥落；但是也不能太大，否则焊接时需要延长焊接时间、用焊锡过多，而且会影响电路板的布局和布线密度。

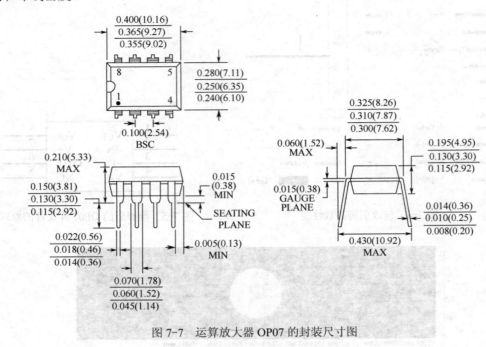

图 7-7 运算放大器 OP07 的封装尺寸图

根据以上讨论，将图 7-6 中的【Hole Information】的"Hole Size"改为 0.762mm，形状选择"Round"，将【Size and Shape】下的"Simple"选中，"X-Size"和"Y-Size"都改为 1.8mm（外径比孔径大 1mm），单击【OK】按钮，依次放下 14 个焊盘，如图 7-8 所示。

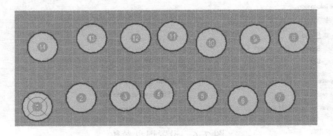

图 7-8 排列完成前的焊盘

从图 7-8 中可以发现，任意两个焊盘之间的距离都不会太远；焊盘 1 被放置在绘图区的中心点上；焊盘 2~7 的纵坐标大于焊盘 1；焊盘 14 的横坐标大于焊盘 1；焊盘 8~13 的纵坐标大于焊盘 14；焊盘 2 的最小横坐标大于焊盘 14 的最大横坐标。

根据图 7-7，焊盘 1 与焊盘 14 的距离为 7.87mm。焊盘 1 的坐标为（0，0），那么焊盘 14 的坐标可以在图 7-6 中的【Location】处，设置横坐标 X 为 0，纵坐标 Y 为 7.87mm。接下来选中焊盘 1~7，在被选中的区域上面单击鼠标右键，依次选择【Align】|【Align Bottom】，或者按下键盘上的【Shift + Ctrl + B】组合键，使焊盘 2~7 与焊盘 1 在一条水平线上。

160

根据图 7-7，相邻两个焊盘之间的距离为 2.54mm。焊盘 1~7 之间有 6 个间距，那么焊盘 7 的横坐标应该为 6×2.54=15.24mm，即焊盘 7 的坐标为（0，15.24）。选中焊盘 1~7，在被选中的区域上面单击鼠标右键，依次选择【Align】|【Distribute Horizon】，或者按下键盘上的【Shift + Ctrl + H】组合键，使焊盘 1~7 之间的水平距离相等。设置好焊盘 8 的坐标后采用同样的方法将排列好焊盘 9~13。排列完成后如图 7-9 所示。

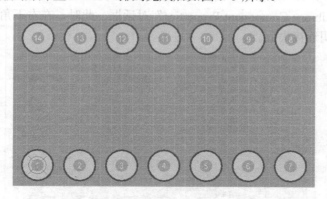

图 7-9　排列完成后的焊盘

由于运算放大器 OP07 只有 8 个引脚，所以有 6 个焊盘是空置的。对于这样空置的焊盘要将序号清空，这样的焊盘不会与原理图库文件相冲突。双击焊盘 5，将【Designator】中的值删除，单击【OK】键。用同样的方法将焊盘 6~14 按照图 7-10 所示进行更改。

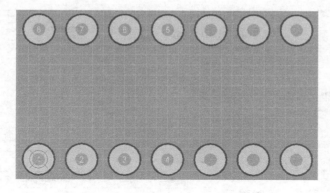

图 7-10　调整序号后的焊盘

丝印层描述元器件的外形尺寸、位置，如果这部分出现错误，在焊制电路板的时候会发生元器件碰撞的问题，所以要按照元器件外壳的尺寸绘制。经过测量 OP07 的插座的宽为 10mm，长为 18.5mm，绘制的丝印层区域可以大一些。选择绘图区下方的"Top Overlay"图层，在这个图层绘制丝印层。依次执行【Place】|【Line】命令在绘图区分别画两条 11.5mm 和 19mm 长的线段包围所有的焊盘。集成电路引脚的识别要靠方向指示说明，这里可以绘制一个小圆圈，这样直接表明集成电路的正方向，可以防止元器件烧毁。绘制完成后如图 7-11 所示。

将做好的文件保存，然后将原理图库文件与 PCB 库文件连接起来。打开原理图库文件 "OP07SchLib"，单击屏幕左下方的【Sch Library】选项，在这个界面可以看到之前命名成功的"OP07",单击下方的【Edit】按钮,弹出的对话框如图 7-12 所示,单击最下方的【Add】按钮,弹出的对话框如图 7-13 所示,这里是要选择加载项类别,选择"Footprint"添加封装,单击【OK】按钮出现图 7-14 所示的对话框,单击【Browse】按钮,选择绘制好的 PCB 封装文件,继续单击【OK】按钮,发现图 7-14 的"Selected Footprint"区域内显示做好的封装,如图 7-15 所示。单击【OK】按钮关闭"PCB Model"对话框,继续单击【OK】按钮关闭"Library Component Properties"对话框。此时,在右下角显示封装缩略图,如果看不到,则说明连接失败。

图 7-11 绘制好丝印层后的 PCB 库图纸

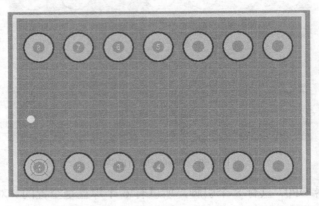

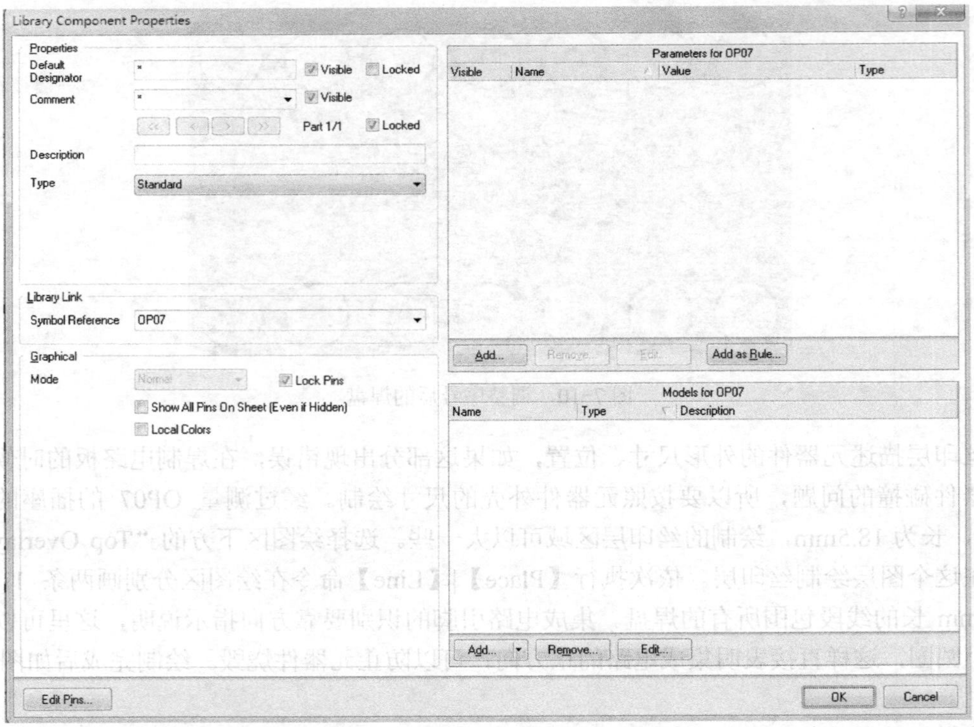

图 7-12 单击【Edit】后显示的对话框

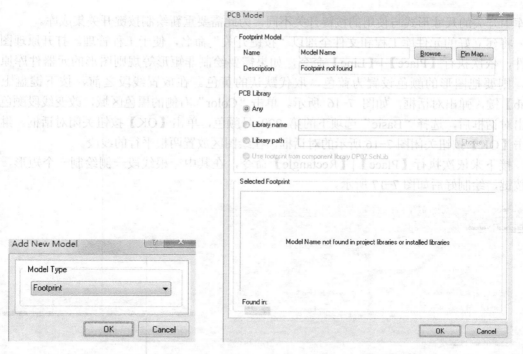

图 7-13 给原理图库文件模型添加封装   图 7-14 PCB 模型对话框

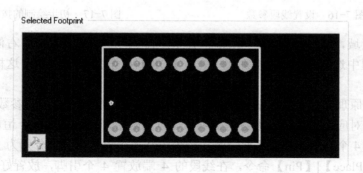

图 7-15 "Selected Footprint"区域内显示做好的封装

依次单击【Project】|【Compile Integrated Library OP07.LibPkg】,弹出对话框显示"Save all new and modified source schematic libraries",询问是否保存所有对原理图库文件的更改。这里选择"是",即单击【OK】按钮。此时在屏幕的右侧显示刚刚做好的集成库选项。如果有库文件的原理图和 PCB 的显示,就说明集成库生成成功。

打开之前保存文件的路径,在本例程路径"E:\例程第 7 章\OP07\Project Outputs for OP07"下,可以找到生成的集成库文件"OP07.IntLib",这个集成库文件就是我们接下来要使用的重要文件。

7.2.2 制作按键开关的封装

恒电位仪的电路板需要电源开关和复位电路两个按键开关。Altium Designer 软件自带集成库中开关的尺寸形式与使用的按键开关不同，为此需要重新绘制按键开关集成库。

将建立好的元件库工程和文件全部以"按键开关"命名，便于工程管理。打开原理图库文件，依次执行【Place】|【Line】命令，如果需要绘制非矩形等规则图形的元器件库原理图，则要把图形的颜色设置为蓝色，取代默认的黄色。在放置线段之前，按下键盘上的【Tab】键，弹出对话框，如图 7-16 所示。单击"Color"右侧的黑色区域，改变线段颜色。弹出对话框后，选择"Basic"选项下的第 229 号颜色，单击【OK】按钮关闭对话框。继续单击【OK】按钮关闭图 7-16 所示的对话框，在绘图区放置两根平行的线段。

接下来依次执行【Place】|【Rectangle】命令，在其中一根线段一侧绘制一个矩形，代表按键，绘制好后如图 7-17 所示。

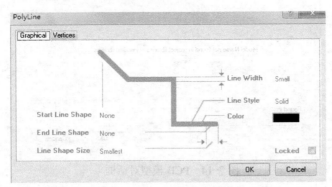

图 7-16　设置线段参数　　　　　　　　图 7-17　初步绘制的按键开关库原理图

双击矩形区域，弹出对话框，如图 7-18 所示。单击"Fill Color"右侧的黄色区域，在弹出的对话框中选择第 229 号颜色，单击【OK】按钮关闭对话框，这样颜色统一，比较美观。

元器件库的原理图与 PCB 图能对应上，直接取决于原理图中的引脚参数与 PCB 图中的焊盘参数是否能对应得上。基本参数是引脚和焊盘的数量，其次是标号。恒电位仪电路中使用的按键开关有 4 个引脚，所以需要绘制 4 个引脚和 4 个焊盘，标号分别为 1、2、3、4。

依次执行【Place】|【Pin】命令，在线段的 4 端放置 4 个引脚，放置好后如图 7-19 所示。放置的过程中注意引脚的方向。

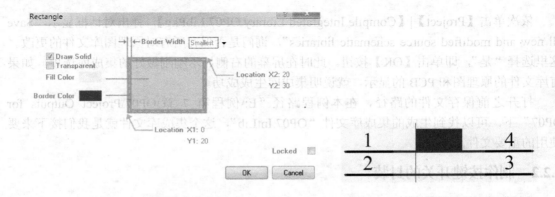

图 7-18　设置矩形区域参数　　　　　　图 7-19　完整的按键开关库原理图

将制作好的原理图库文件保存，继续制作 PCB 库文件。制作完成的按键开关库 PCB 图如图 7-20 所示，焊盘的位置可以任意摆放，但是为了在连接原理图时能对电路的电气连接有所了解，建议按照图 7-20 所示的顺序排列。

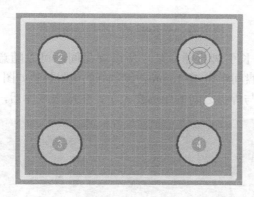

图 7-20 完整的按键开关库 PCB 图

在图 7-20 中，焊盘 1 与焊盘 2 的中心距离为 7mm，焊盘 1 与焊盘 4 的中心距离为 4.5mm。将原理图库文件与 PCB 库文件连接起来后编译生成集成库，这样按键开关集成库制作完毕。

7.2.3 制作电阻、电容的封装

Altium Designer 软件自带的电阻、电容、晶振的封装基本没有问题，但是这些封装的 PCB 库文件中的丝印层绘制不规范，会引起 DRC 规则检查报警。虽然更改 DRC 规则可以禁止报警，但是更改后会让很多不符合规范的集成库被引用到工程中，使最终的电路板性能变差，甚至无法实现原有的功能，所以需要按照器件规则重新绘制。

电阻和电容的封装最容易实现，只需要两个大小相同且距离不太近的焊盘即可，其 PCB 库文件可以通用。如图 7-21 所示为 Altium Designer 软件自带集成库 "Miscellaneous Devices.IntLib" 中的 "Res2" 的 PCB 库文件。依次执行【Tools】|【Design Rule Checker】|【Run Design Rule Checker】，弹出对话框，如图 7-22 所示，可以看到有两个错误。将对话框展开，发现焊盘 1 和 2 处分别有一个 "Silkscreen Over Component Pads Constraint Violation"，即丝印层与焊盘距离过近引发错误。所以本节要重新绘制电阻的封装，电容的封装与电阻的封装类似。

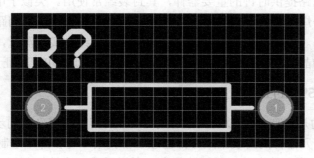

图 7-21 Res2 的 PCB 图

图 7-22　对 Res2 进行器件规则检查

由于电阻和电容都是长引脚直插封装，所以焊盘间距可以随意，这里参考软件自带封装。经过测量，Res2 的焊盘间距为 10.16mm，绘制好的电阻封装如图 7-23 所示。通过图 7-23 可以看到，黄色的丝印层与焊盘之间的距离变大了，生成集成库后，经 DRC 验证无误。

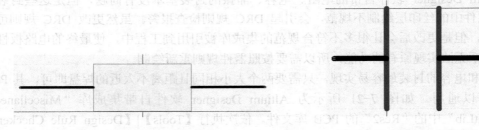

图 7-23　无规则错误的电阻封装

图 7-24 为电阻的原理图库文件，图 7-25 为电容的原理图库文件。因为普通的电阻和电容不分极性，所以两根引脚上的序号被隐去。

图 7-24　电阻的原理图库文件　　　　图 7-25　电容的原理图库文件

7.2.4　制作晶振的封装

晶振是给数字电路提供时钟的重要器件，其封装经常使用。类似于电阻和电容，晶振的封装同样只需要两个焊盘即可。与电阻和电容不同的是，晶振的引脚间距不能任意设置，否则容易引起晶振损坏。其原理图库文件如图 7-26 所示。经过实际测量，晶振的引脚间距为 5mm。重新绘制好的晶振的 PCB 库文件如图 7-27 所示，经过 DRC 验证无误。

7.2.5　制作 PCF8591 的封装

PCF8591 采用的是双列直插 DIP 封装，有 16 个引脚，按照之前的步骤绘制即可。生成集成库后，本章所有元器件的封装集成库都已经准备就绪，可以开始绘制原理图。

需要注意，PCB 库文件在关闭后无法保存，所以尽量一次性绘制好。配套例程中的元器件库的 PCB 库文件都是空的，可以通过打开集成库文件来查看相应信息。

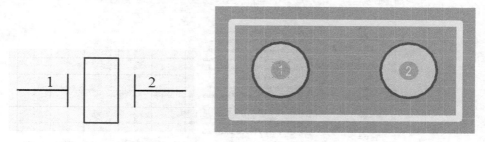

图 7-26　晶振的原理图库文件　　　　图 7-27　晶振的 PCB 库文件

7.3　绘制电路原理图

恒电位仪电路由电阻、电容、开关、晶振、40 个引脚的单片机、可以同时作为模数和数模转换器的 PCF8591、运算放大器 OP07 以及信号接口组成。

依次执行【File】|【New】|【Project】|【PCB Project】命令建立一个工程。

依次执行【File】|【New】|【Schematic】命令建立原理图文件。

依次执行【File】|【New】|【PCB】命令建立 PCB 文件。

建立好一个工程和两个文件以后，要记得保存，并且全部命名为"恒电位仪电路"。

单片机外围电路由单片机、晶振、电容、按键开关、PCF8591 组成。

目前实验室最常使用的为 51 系列的 40 个引脚的单片机。首先打开原理图文件，选择单片机元器件库。本节采用 Altium Designer 软件自带的库。在右侧边栏依次单击【Libraries】|【Libraries】|【Installed】，单击下方【Install...】按钮，找到 Altium Designer 软件默认的库路径："C:\Users\Public\Documents\Altium\AD 10.0.0.20340\Library"。如图 7-28 所示，为软件路径搜索图。图 7-28 中的文件夹为软件自带库文件，这里选择"Philips"文件夹下的"Philips Microcontroller 8-Bit.IntLib"，如图 7-29 所示，为所选的单片机集成库，单击【打开】按钮。

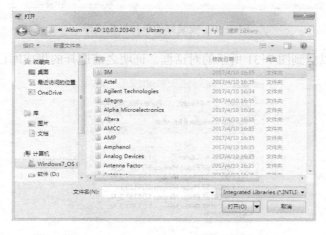

图 7-28　Altium Designer 软件路径搜索

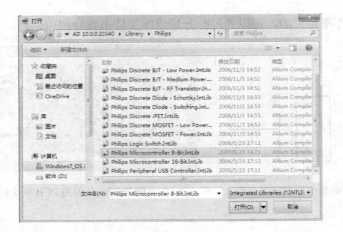

图 7-29 所选的单片机集成库

如图 7-30 所示,可以看到刚刚安装好的集成库"Philips Microcontroller 8-Bit.IntLib",单击下方的【Close】按钮,关闭这个对话框。

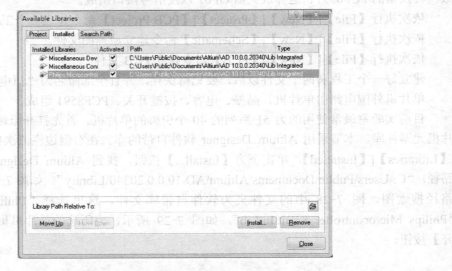

图 7-30 安装好的单片机集成库

此时在右侧可以看到图 7-31 所示的对话框,证明之前选择的集成库已经成功安装。

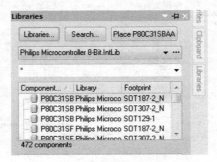

图 7-31 成功安装单片机集成库

168

在图 7-31 中双击选择"P89C51RC2HBP",放入原理图中。同理,将 7.2 节制作的元器件集成库导入到工程的原理图中,修改编号,放置好后如图 7-32 所示。

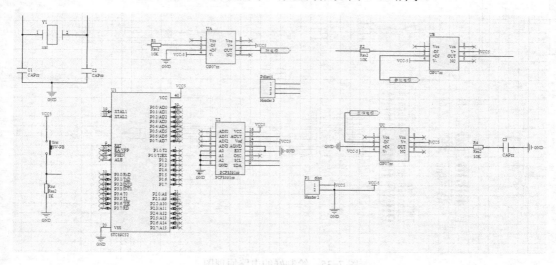

图 7-32 放置好后的原理图

如图 7-33 所示,为快捷菜单栏,单击红色 GND 和 Vcc 放入原理图中。然后单击左侧第一个图标绘制导线(或者依次单击【Place】|【Wire】)。由于模块 U2 的 15 引脚为输出端口,所以要给这个端口添加说明。依次单击【Place】|【Port】,按下键盘上的【Tab】键,弹出对话框,如图 7-34 所示。在"Name"中填写"DA",在"I/O Type"选择"Output",单击【OK】,然后依次单击两次鼠标左键,放置输出端口。

图 7-33 快捷菜单栏

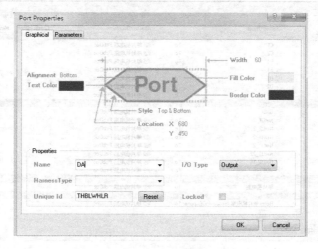

图 7-34 端口设置界面

连接好线后如图 7-35 所示。

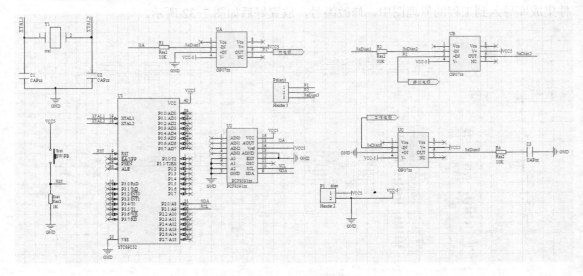

图 7-35　绘制好的电路原理图

通过图 7-35 可以发现，元器件上没有连线的引脚都被打了红色的"×"，即 NO ERC，在原理图中不做错误检查。完成上述步骤后，一定记得保存。

7.4　绘制电路 PCB 图

打开 PCB 文件。依次单击【Design】|【Import Changes From 单片机电路.PriPcb】，弹出对话框，如图 7-36 所示。依次单击【Validate Changes】|【Execute Changes】。如图 7-37 所示，在图中对话框内的右侧出现双排"√"，即证明软件已经通过原理图生成了相应的元器件封装组成的 PCB 图。单击图 7-37 中右下角的【Close】关闭对话框。

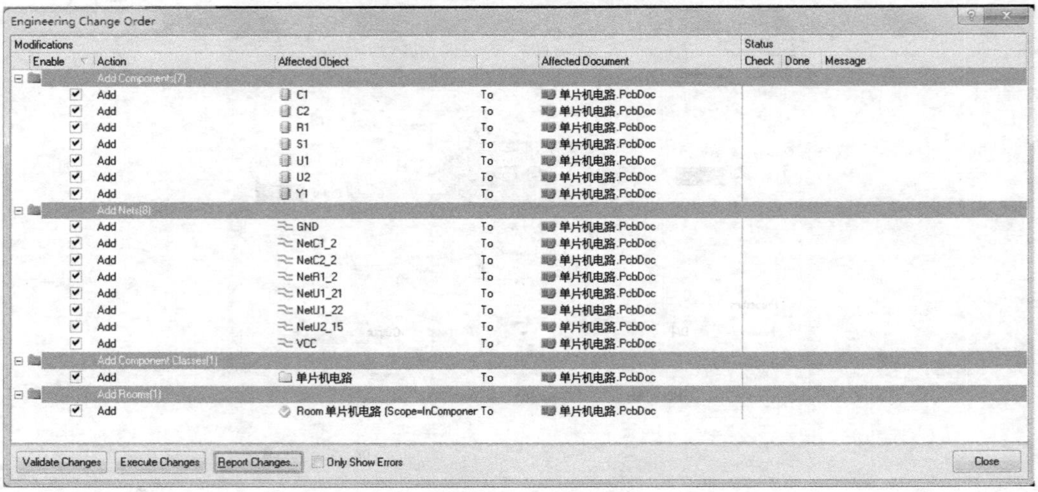

图 7-36　Import Changes From 单片机电路

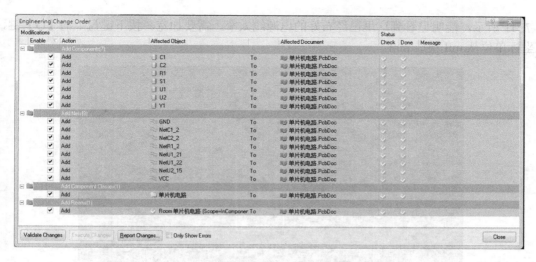

图 7-37 成功生成 PCB

按住键盘上的【Shift】键,然后滚动鼠标滑轮,能看到生成的元器件封装全部在红色区域内。将红色区域全部选中,拖入黑色区域内。在红色区域内空白部分单击鼠标左键,然后按下键盘上的【Delete】键删去红色框,删除红色框后如图 7-38 所示。

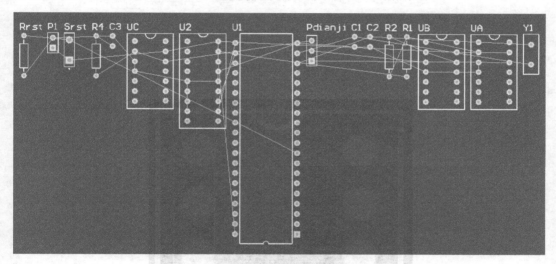

图 7-38 删除红色框后的 PCB

接下来要对 PCB 进行布局。因为元器件很少,所以这里随意布置,不是很紧密。布局好的 PCB 如图 7-39 所示。

在图 7-40 所示的工具栏中单击最左侧的图标用于连线,或者依次单击【Place】|【Interactive Routing】也一样。在给 PCB 连线时要注意,为了制板后导线附在 PCB 板上能够牢固,原则上要保证导线的弯曲程度大于或等于 135°角。

在软件界面下方有界面选择,其中【Top Layer】为顶层,【Bottom Layer】为底层,顶层和底层都代表了导线所在的层。本节设计为单面板,所以选择底层即可。

在绘制 PCB 时,因为电源线 Vcc 和地线 GND 要承受大的电流,所以要适当加宽。如

171

图 7-41 所示，能明显看到这里已经布好的电源线太窄，需要加宽。按下键盘上的【Q】键，把坐标单位从 mil 换成 mm。

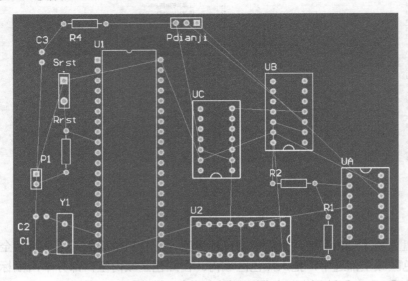

图 7-39 布局好的 PCB

图 7-40 工具栏图标

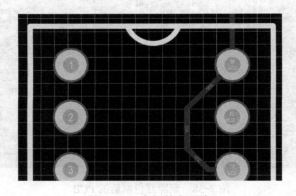

图 7-41 布好的电源线

在元器件封装 U2 上双击电源线，弹出对话框，如图 7-42 所示（因为操作问题，有可能需要重复几次）。因为在鼠标所单击的区域包含 U2 和电源线，所以需要进一步选择，这里选择第一项"Track"，接下来弹出对话框，如图 7-43 所示，将"Width"的值改为 1mm，然后单击【OK】，关闭对话框。

此时，电源线变成绿色，说明违反了器件规则。依次单击【Tools】|【Design Rule Check】|【Run Design Rule Check...】，弹出对话框，如图 7-44 所示，能够看到第一行的"Width"提示线宽的错误，对于这种无关紧要的规则可以删去。

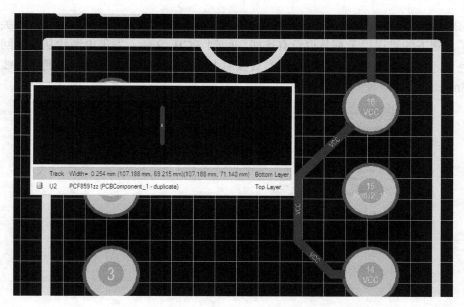

图 7-42 在元器件封装和导线上单击左键后显示的对话框

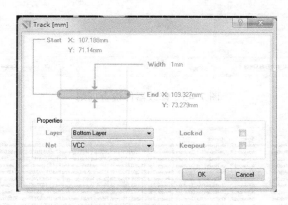

图 7-43 调整电源线宽度

Messages

Class	Document	Source	Message	Time	Date	No.
[Width Constraint Violation]	单片机电路.PcbDoc	Advanced P...	Width Constraint: Track (107.188mm,71.14mm)(109.327mm,73.279mm) Bottom Layer Actual Width = 1mm	12:28:27	2017/6/4	1
[Un-Routed Net Constraint Violation]	单片机电路.PcbDoc	Advanced P...	Un-Routed Net Constraint: Between Pad S1-4(60.833mm,96.448mm) Multi-Layer And Track (93.091mm,95.758mm)(109.327mm...	12:28:27	2017/6/4	2
[Un-Routed Net Constraint Violation]	单片机电路.PcbDoc	Advanced P...	Un-Routed Net Constraint: Between Pad U1-22(93.091mm,50.038mm) Multi-Layer And Pad U2-10(109.327mm,58.039mm) Mult...	12:28:27	2017/6/4	3
[Un-Routed Net Constraint Violation]	单片机电路.PcbDoc	Advanced P...	Un-Routed Net Constraint: Between Pad U1-21(93.091mm,47.498mm) Multi-Layer And Pad U2-9(109.327mm,55.499mm) Multi-...	12:28:27	2017/6/4	4
[Un-Routed Net Constraint Violation]	单片机电路.PcbDoc	Advanced P...	Un-Routed Net Constraint: Between Pad R1-2(60.833mm,81.153mm) Multi-Layer And Pad S1-1(60.833mm,91.948mm) Multi-La...	12:28:27	2017/6/4	5
[Un-Routed Net Constraint Violation]	单片机电路.PcbDoc	Advanced P...	Un-Routed Net Constraint: Between Pad R1-2(60.833mm,81.153mm) Multi-Layer And Pad U1-9(77.851mm,75.438mm) Multi-La...	12:28:27	2017/6/4	6
[Un-Routed Net Constraint Violation]	单片机电路.PcbDoc	Advanced P...	Un-Routed Net Constraint: Between Pad C2-2(55.499mm,59.69mm) Multi-Layer And Pad Y1-1(63.246mm,59.69mm) Multi-Layer	12:28:27	2017/6/4	7
[Un-Routed Net Constraint Violation]	单片机电路.PcbDoc	Advanced P...	Un-Routed Net Constraint: Between Pad Y1-1(63.246mm,59.69mm) Multi-Layer And Pad U1-18(77.851mm,52.578mm) Multi-La...	12:28:27	2017/6/4	8
[Un-Routed Net Constraint Violation]	单片机电路.PcbDoc	Advanced P...	Un-Routed Net Constraint: Between Pad C1-2(63.119mm,46.355mm) Multi-Layer And Pad Y1-2(63.246mm,54.69mm) Multi-Layer	12:28:27	2017/6/4	9
[Un-Routed Net Constraint Violation]	单片机电路.PcbDoc	Advanced P...	Un-Routed Net Constraint: Between Pad C1-2(63.119mm,46.355mm) Multi-Layer And Pad U1-19(77.851mm,50.038mm) Multi-L...	12:28:27	2017/6/4	10
[Un-Routed Net Constraint Violation]	单片机电路.PcbDoc	Advanced P...	Un-Routed Net Constraint: Between Pad U2-8(101.727mm,55.499mm) Multi-Layer And Pad U2-7(101.727mm,58.039mm) Multi-...	12:28:27	2017/6/4	11
[Un-Routed Net Constraint Violation]	单片机电路.PcbDoc	Advanced P...	Un-Routed Net Constraint: Between Pad U2-12(109.327mm,63.119mm) Multi-Layer And Pad U2-13(109.327mm,65.659mm) Mu...	12:28:27	2017/6/4	12
[Un-Routed Net Constraint Violation]	单片机电路.PcbDoc	Advanced P...	Un-Routed Net Constraint: Between Pad U2-6(101.727mm,60.579mm) Multi-Layer And Pad U2-5(101.727mm,63.119mm) Multi-...	12:28:27	2017/6/4	13
[Un-Routed Net Constraint Violation]	单片机电路.PcbDoc	Advanced P...	Un-Routed Net Constraint: Between Pad C1-1(73.279mm,46.355mm) Multi-Layer And Pad U1-20(77.851mm,47.498mm) Multi-L...	12:28:27	2017/6/4	14
[Un-Routed Net Constraint Violation]	单片机电路.PcbDoc	Advanced P...	Un-Routed Net Constraint: Between Pad C2-1(55.499mm,49.53mm) Multi-Layer And Pad C1-1(73.279mm,46.355mm) Multi-Layer	12:28:27	2017/6/4	15
[Un-Routed Net Constraint Violation]	单片机电路.PcbDoc	Advanced P...	Un-Routed Net Constraint: Between Pad C2-1(55.499mm,49.53mm) Multi-Layer And Pad R1-1(60.833mm,70.993mm) Multi-Layer	12:28:27	2017/6/4	16
[Un-Routed Net Constraint Violation]	单片机电路.PcbDoc	Advanced P...	Un-Routed Net Constraint: Between Pad U2-7(101.727mm,58.039mm) Multi-Layer And Pad U2-6(101.727mm,60.579mm) Multi-...	12:28:27	2017/6/4	17
[Un-Routed Net Constraint Violation]	单片机电路.PcbDoc	Advanced P...	Un-Routed Net Constraint: Between Pad U2-5(101.727mm,63.119mm) Multi-Layer And Pad U2-12(109.327mm,63.119mm) Mult...	12:28:27	2017/6/4	18
[Un-Routed Net Constraint Violation]	单片机电路.PcbDoc	Advanced P...	Un-Routed Net Constraint: Between Pad U1-20(77.851mm,47.498mm) Multi-Layer And Pad U2-8(101.727mm,55.499mm) Multi-...	12:28:27	2017/6/4	19

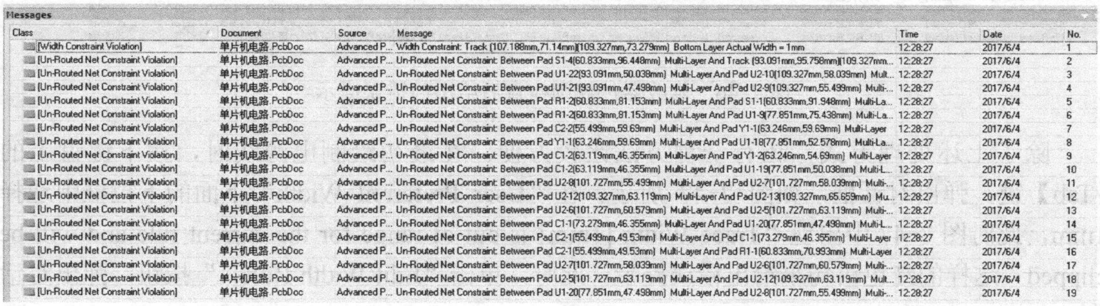

图 7-44 器件规则检查后给出的错误提示

依次单击【Tools】|【Design Rule Check】|【Routing】，弹出对话框，如图 7-45 所示。将“Width”中的两个“√”全部取消。然后单击左下角的【Run Design Rule Check...】按

钮，弹出对话框，如图 7-46 所示。从图 7-46 所示的错误提示信息来看，已经没有关于线宽的错误了。剩下的错误提示都是说没有连线。回到 PCB 文件，发现电源线从绿色回复到正常的蓝色了。接下来把其他部分的导线参数按照上述步骤做更改，注意到普通信号线的宽度调整为 8mm。

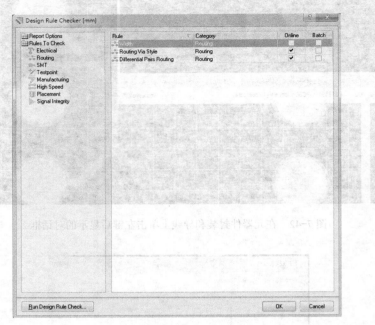

图 7-45　修改器件检查规则

图 7-46　修改器件规则检查后给出的错误提示

除了上述处理方式，还有一种方法比较方便。在最初绘制电源线时，按下键盘上的【Tab】键，弹出对话框，如图 7-47 所示。在"User Preferred Width"下面的下拉框中选择 1mm，此时图 7-47 中出现"Trace Width [1mm] is out of range for the current rule and will be clipped"这样的红色语句来给出错误提示。此时，单击"Edit Width Rule..."按钮，弹出对话框，如图 7-48 所示。

按照图 7-48 所示调整线宽，然后单击【OK】按钮。此时再看图 7-47 就会发现原来的错误提示消失。继续单击图 7-47 中的【OK】按钮。此时发现电源线的颜色是蓝色，说明规则已经更改。

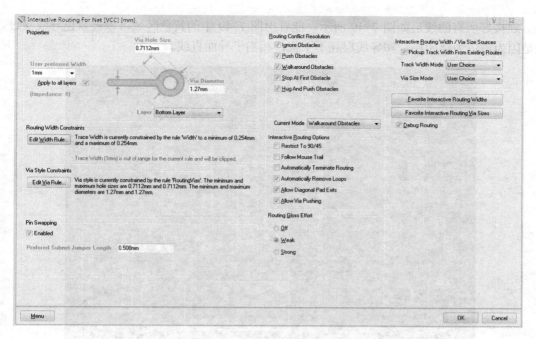

图 7-47 修改线宽

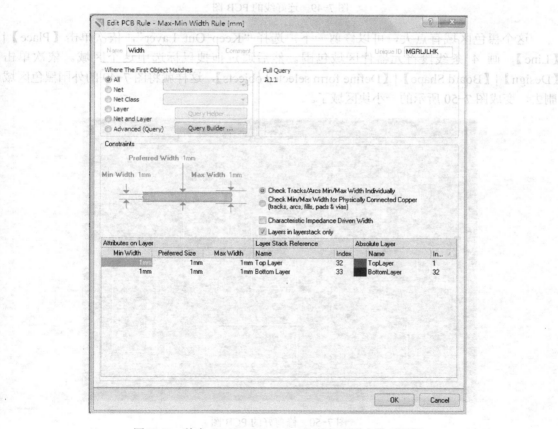

图 7-48 单击 "Edit Width Rule..." 按钮后弹出的对话框

连接好所有的线后如图 7-49 所示。能看出图 7-49 中的黄色区域可以被蓝色导线穿过，这是因为黄色为丝印层，和导线层互不干扰，相当于异面直线。

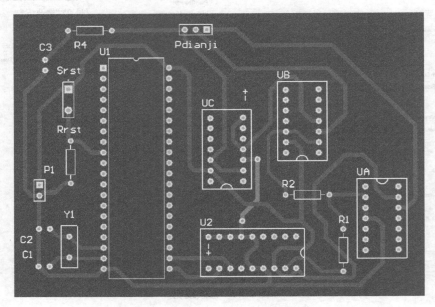

图 7-49 连好线的 PCB 图

这个黑色区域有点大，可以修剪一下。选择"Keep-Out Layer"，依次单击【Place】|【Line】，画 4 条线段将元器件区域包围。然后通过拖拽鼠标选中这个区域。依次单击【Design】|【Board Shape】|【Define form selected objects】，这样就将图 7-49 的外围黑色区域删去，变成图 7-50 所示的一小块区域了。

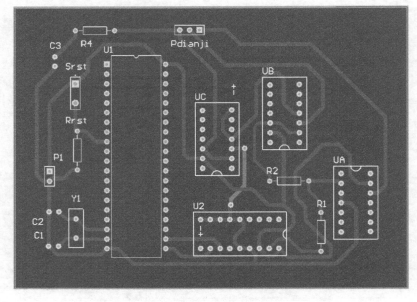

图 7-50 修剪好的 PCB 图

下一步要为 PCB 补泪滴。依次单击【Tools】|【Teardrops】，弹出对话框，如图 7-51 所示。这里默认即可，之后在焊盘的边缘就有泪滴产生，加固了焊盘和导线的连接。

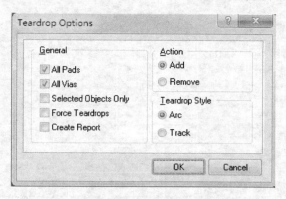

图 7-51　补泪滴选项

再下一步要敷铜。通过拖拽鼠标选中所有区域。依次单击【Place】|【Polygon Pour...】，弹出对话框，如图 7-52 所示，按照对话框所示参数进行更改。单击"OK"按钮，对话框关闭，接下来通过多次单击鼠标左键框选敷铜区域。敷铜之后如图 7-53 所示。

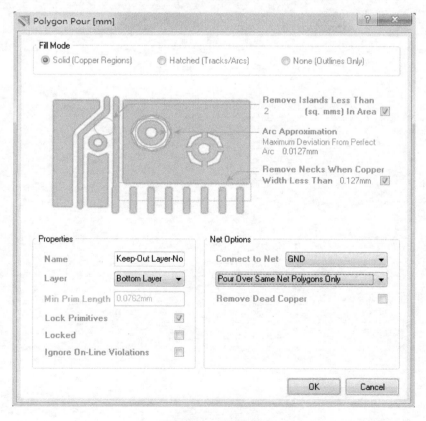

图 7-52　敷铜选项

完成上述步骤后，整个设计就结束了。

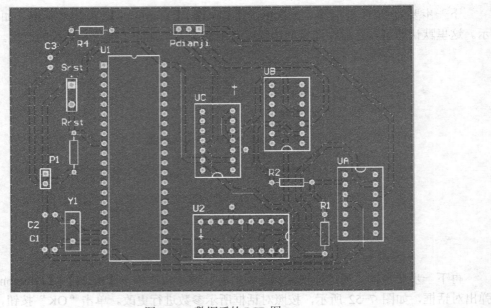

图 7-53 敷铜后的 PCB 图

第 8 章　安全操作规范

8.1　安全规范所涉及的要求

在生产制作 PCB 的过程中，如果操作不规范，可能会受到伤害。在一般情况下，电击容易发生在成品中，表现为漏电现象。如果电压高于 36V，容易伤人。

由于 PCB 上承载很多电路器件，如果没有做好散热设计，那么极易引起火灾，导致电子产品自燃。

在 PCB 布线时，需要避免高频信号线被布置成锐角，导致电磁辐射增强。另外，也要做好防电磁辐射干扰，以免影响产品的工作状态。有些化学品含有放射性物质的，也需要注意防辐射操作。在制作过程中，有毒物质不能随便抛弃，防止环境污染。同时，也要防止被化学物质烧伤。

在制作 PCB 过程中，还要注意避免受到机械损伤。

8.2　安全规范体系及认证

世界上主要的安全规范体系有 IEC 体系（以欧盟为代表）和 UL 体系（以美国为代表）。尽管这两个体系各自独立，但现在有互相承认、走向一致的趋势。

安全规范认证作为一种技术壁垒，是世界上各个国家为了限制其他国家不规范产品进入本国，具有强制性的一种规定，各国对安全规范推出了不同的要求。常见的安全规范认证如下。

1）UL-美国：Underwriters Laboratories Inc。
2）TUV，VDE，GS-德国：Technischer Uberwachungsvereun。
3）CCC-中国：China Compulsory Certification，取代 CCEE&CCIB。
4）CSA-加拿大：Canadian standards Association。
5）CE-欧盟：CONFORMITE EUROPEENNE。
6）PSE-日本。
7）KETI-韩国。
8）丹麦。
9）挪威。
10）芬兰。
11）瑞典。

另外，还有澳大利亚、新西兰和新加坡等国也有相应的安全规范认证。

8.3 电子产品的安全规范要求

电子产品的安全规范的基本要求包括：耐压（抗电强度）——防止电击伤害；绝缘电阻——防止电击伤害；接地电阻——防止电击伤害；泄漏电流——防止电击伤害；电磁兼容——抗电磁干扰能力和对其他电子产品的影响；耐火阻燃——防止火灾危险；机械结构——防止机械结构缺陷引起的损伤、灼伤等；能源冲击——防止因为大电流引起火灾或电弧灼伤。

1）耐压：主要考量电子产品在异常高电压下，绝缘系统的承受能力。工作电压低于 50V 时，一般不进行耐压测试。

耐压一般与产品的额定工作电压 V_e 有关。通常用的计算公式：

直流：$(1000V + 2 \times V_e) \times 1.4$

交流：$1000V + 2 \times V_e$

以上是普通绝缘用的试验电压。如果是双重绝缘，则试验电压为普通的 2 倍。如果计算出来的结果不是 100 的整数倍，则取大不取小。例如，额定工作电压为 220V (AC)，则普通绝缘的试验电压为 1000+2×220=14440V，此时试验电压应当取 1.5kV，而不是采用四舍五入。

一般设定为 5～10mA，最大不超过 100mA，根据不同的行业有不同的要求，如医疗器械的泄漏电流一般为 1mA。一般试验设定为 1min，产线上可考虑缩短，但一般爬升时间不得低于 1s。缩短测试时间时，应采用更高的试验电压。根据 UL 的规定，可以有如下关系转换：

交流(1000V+2×额定工作电压)×1.2

直流(1000V+2×额定工作电压)×1.4×1.2

2）绝缘电阻：主要测试产品的绝缘性能。绝缘电阻的试验电压一般采用直流电压，通常采用 500V，绝缘电阻不低于 10MΩ，测试时间一般为 1min。若需缩短测试时间，可参照耐压测试进行调整。

3）泄漏电流：主要测试在最大工作电压和最大工作电流的情况下，产品由于分布电容或绝缘特性引起的向大地或可接触界面泄漏的电流。这与产品的绝缘性能有关。泄漏电流泄漏电流的最高限值一般为 1mA。测试时间一般也为 1min。

4）接地电阻：主要测试产品发生绝缘崩溃，或者在正常工作情况下泄漏电荷时，能把这些电荷迅速导入大地的能力。这属于一种保护措施，这在没有接地的产品中不做考量。接地电阻要求越小越好，一般的单体接地电阻不允许大于 0.1Ohm，系统接地总电阻不允许超过 4Ohm，系统中接地点之间的连续性电阻不允许大于 0.01Ohm。

根据经验，如果耐压试验通过，则绝缘电阻测试一般也能通过；但绝缘电阻试验通过，不代表耐压试验也能通过。在大规模生产的情况下，产线一般仅测试耐压，绝缘电阻、泄漏电流和接地电阻只是在抽查时进行试验。

5）安全距离：安全距离包括爬电距离和电气间隙两项。爬电距离是指带电导体之间沿绝缘表面的最短距离；电气间隙是指带电导体之间的最短空间距离。

安全距离是耐压、绝缘电阻、泄漏电流的保证之一，其最低限值与产品的工作电压有关。

6）电磁兼容：电磁兼容要求测试的项目比较多，通常包括如下内容。

1）传导干扰及抗干扰。

2）辐射干扰及抗干扰。

3）抗静电。

4）抗雷击。

5）抗浪涌或电压突变等。

因传导干扰、辐射干扰需要专用且庞大、复杂的测试设备，一般采用定期抽查的方式，并委托有能力的测试机构进行试验。电磁兼容现在已成为安全规范中的一个极其重要的要求，许多国家已将其列为强制性项目，并且独立开展电磁兼容认证（EMC 认证）。

6）耐火阻燃：要求产品本身不能起火燃烧；在外界存在火源时，可以一起燃烧，但一旦外界火源消失，产品应立即停止燃烧。现在电子产品通行的防火等级采用的是 UL94 中的 V−0 等级。

7）机械伤害和热伤害：电子产品由于在结构上存在缺陷，就有可能造成机械结构伤害和热伤害，如有锋利的锐边、尖角、毛刺，容易造成人体的伤害；开孔过大或安全距离不够，容易触及内部带电的部件造成电击伤害；防护措施不当，造成动作部件伤害人体；散热措施不当，容易灼伤人体。

一般来说，在大规模的生产中，除了耐压和绝缘电阻可以在线测试外，其他项目均采取定期抽查或委托试验的方式。CCC 认证规定，产品要进行定期确认检验，至少每年进行一次。

8.4 电子产品常见的安全规范零部件

安全规范零部件是安全规范认证机构重点管控的部分之一，任意一家安全规范认证机构都会对获得认证的产品开出一份安全关键件清单，安全规范认证机构会根据这份清单进行一致性检查。凡是在清单中注明规格型号和生产厂商的，都必须使用规定的厂商和规格型号，未注明厂商但注明规格型号的，还有可能指定要求获得相应的认证，必须使用规定的规格型号，并需获得相应的认证。安全关键件发生变更，必须向安规认证机构申请报备，只有在获得批准认可后，才可变更，有时还必须重新送样试验，试验通过后，才能正式变更。

若要整个产品通过安全规范认证，所选用的零部件也起到决定性作用。如果所选用的零部件都是通过安全规范认证的，那么生产出来的产品就更容易通过认证，性能更可靠。安全规范零部件包括如下 14 项：熔断器（保险丝）：若电路过电流，熔断器即可保护电路中的其他零部件不被损坏；导线；安全规范电容：X 电容和 Y 电容；高压电容：高耐压值；变压器和电感；压敏电阻；塑胶部件；绝缘隔离物；PCB；铭牌标志：Model labe；警示标志；光电耦合器；外壳；散热风扇。

8.5 安全规范在设计中的具体应用

安全规范在设计中的应用，大多用于保护电路，具体如：熔断器；防反二极管；瞬态抑制二极管；续流二极管等。

1）熔断器：熔断器一般是串接在电路中，它在电路中出现过电流、过电压或过热等异常现象时，会立即熔断而起到保护作用，从而保护电路中的其他零部件不被损坏，可防止故障进一步扩大。电子设备中使用的保护元件除熔断电阻器外，还有普通熔断器、热熔断器和自恢复熔断器等。

2）防反二极管：防止因光伏组件正负极反接导致的电流反灌而烧毁光伏组件；防止光伏组件方阵各支路之间存在压差而产生电流倒送，即环流；当所在组串出现故障时，作为一个断开点，与系统有效隔离，在保护故障组串的同时，为检修提供方便。

3）瞬态抑制二极管（TVS 管）：TVS 管是在稳压管工艺基础上发展起来的一种新产品，瞬态抑制二极管的结构与稳压二极管相似，连符号也一样，如图 8-1 所示。瞬态抑制二极管（TVS）的工作原理与稳压二极管一样，但结构上有差别。其最大的差别是一般稳压二极管组成的 PN 结面积很小，它能承受的反向电流较小。一般小功率稳压管（0.5~1W）其最大反向电流为几十毫安到几百毫安；而瞬态抑制二极管的 PN 结面积较大，可耗散的功率较大，允许最大的反向电流可达几安到几十安。因此它可以吸收瞬时高电压脉冲所造成的瞬间大电流。一般稳压二极管是 0.5~3W，而瞬态二极管达 300~1500W，有些用于高压的可达 10kW 以上。

当 TVS 管两端经受瞬间的高能量冲击时，它能以极高的速度（最高可达 1/10~12s）使其阻抗骤然降低，同时吸收一个大电流，将其两端间的电压箝位在一个预定的数值上，从而确保后续的电路元器件免受瞬态高能量的冲击。TVS 管的主要作用有两个，即防静电（ESD）和防浪涌电压（雷击）。一般与气体放电管（如图 8-2 所示）、压敏电阻一起构成三级防雷电路。

 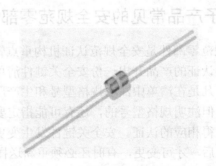

图 8-1　TVS 二极管　　　　　　　　图 8-2　气体放电二极管

4）续流二极管：续流二极管经常和储能元件一起使用，其主要作用是防止瞬间高电压烧坏元器件和防止电流延时而产生误操作。电感可以经过它给负载提供持续的电流，以免负载电流突变，起到平滑电流的作用。在开关电源中，就能见到一个由二极管和电阻串联起来构成的续流电路。这个电路与变压器原边并联。当开关管关断时，续流电路可以释放掉变压器线圈中储存的能量，防止感应电压过高，击穿开关管。一般选择快速恢复二极管或者肖特基二极管就可以了，用来把线圈产生的反向电势通过电流的形式消耗掉，可见"续流二极管"并不是一个实质的元件，它只不过在电路中起到的作用称作"续流"。通常，感性负载（如继电器）一般需要加续流二极管。

5）载流能力和安全距离：设计时要充分考虑电源线和地线的载流能力，以及高、低电压之间的安全间距和爬电距离。

6）散热：主要的散热措施包括通过板材或网状敷铜散热，加装散热片（要涂导热硅胶），加装风扇，灌胶（热容量大），热辐射。

7）PCB 边角处理：PCB 的边角要设计成弧形，不应存在尖锐的边角，以避免机械结构伤害的发生。

8）隔离：常用的隔离部件包括继电器（以弱电控制强电）、变压器、光耦合器等。

9）安全规范电容：安全规范电容是指电容器失效后，不会导致电击，不危及人身安全。安全规范电容包括 X 电容和 Y 电容。X 电容是跨接在电力线两线（L-N）之间的电容，一般选用金属薄膜电容；Y 电容是分别跨接在电力线两线和地之间（L-E 和 N-E）的电容，一般是成对出现的。基于漏电流的限制，Y 电容值不能太大，一般 X 电容是 µF 级，Y 电容是 nF 级。X 电容用于抑制差模干扰，Y 电容用于抑制共模干扰。

第9章 PCB 设计规范

PCB 设计过程中需要遵守统一的规范,便于管理和避免错误的产生。

9.1 术语和定义

印制电路板(Printed Circuit Board):在绝缘基材上,按预定设计形成印制器件或印制线路以及两者结合的导电图形的印制板。

TOP 面:封装和互连结构的一面,通常此面含有最复杂的或多数的元器件。

BOTTOM 面:封装及互连结构的一面,它是 TOP 面的反面。也可以称为"焊接面"。

Stand Off:器件安装在 PCB 上后,器件封装的底部与 PCB 表面的距离。

板厚(Board Thickness):包括导电层在内的包覆金属基材板的厚度。板厚有时可能包括附加的镀层和涂敷层。

金属化孔(Plated Through Hole):孔壁镀覆金属的孔。用于内层和外层导电图形之间的连接,也称"镀覆孔"。

非金属化孔(Unsupported Hole):没有用电镀层或其他导电材料加固的孔。

过孔(Via Hole):用作贯通连接的金属化通孔,常用于 TOP 面和 BOTTOM 面互连。

盲孔(Blind Via):来自 TOP 面或 BOTTOM 面,是不穿过整个印制电路板的过孔。

埋孔/埋入孔(Buried Via):完全被包在板内层的孔,属于内部层之间互连的孔。

盘中孔(Via in Pad):在焊盘上的过孔或盲孔。

阻焊膜(Solder Mask or Solder Resist):是用于在焊接过程中及焊接之后提供介质和机械屏蔽的一种覆膜,以达到绝缘的目的。

双列直插式封装(Dual-in Line Package):一种元器件的封装形式。两排引线从器件的侧面伸出,并与平行于元器件本体的平面成直角,如 89C52 单片机。

单列直插式封装(Single-Inline Package):一种元器件的封装形式。一排直引线或引脚从器件的侧面伸出,如排阻。

波峰焊(Wave Soldering):印制板与连续循环的波峰状流动焊料接触的焊接过程。

回流焊(Reflow Soldering):是一种将零部件的焊接面涂覆焊料后组装在一起,加热至焊料熔融,再使焊接区冷却的焊接方式。

桥接(Solder Bridging):导线之间由焊料形成的多余导电通路。

锡球(Solder Ball):焊料在层压板、阻焊层或导线表面形成的小球(一般发生在波峰焊或再流焊之后)。

锡尖/拉尖(Solder Projection):出现在凝固的焊点上或涂覆层上的多余焊料凸起物。

立片/器件直立(Tombstone Component):一种缺陷,无引线器件只有一个金属化焊端焊在焊盘上,另一个金属化焊端翘起,没有焊在焊盘上。

9.2 PCB 设计的布局规范

9.2.1 布局注意事项

1）活动区域距板边距离应该大于 5mm。
2）先放置与结构关系密切的元件，如接插件、开关、电源插座等。这些元件的位置需要优先固定。
3）优先摆放电路功能块的核心元件及提交较大的元器件，再以核心元件为中心摆放周围电路元器件。
4）功率大的元件摆放在利于散热的位置上，如采用风扇散热，放在空气的主流通道上；若采用传导散热，应放在靠近机箱导槽的位置，如计算机主板。
5）质量较大的元件应避免放在板子的中心位置，应靠近板在机箱中的固定边放置。
6）有高频连线的元件尽可能靠近，以减少高频信号的分布参数和电磁干扰。
7）输入、输出元件的位置尽量放置在不同的边缘，不要靠近。
8）带高电压的元器件应尽量放置在调试时手不易触及的地方。
9）热敏元件应远离发热元件。
10）可调元件的布局应便于调节。如跳线、可变电容、电位器等。
11）考虑信号流向，合理安排布局，使信号流向尽可能保持一致。
12）布局应均匀、整齐、紧凑。
13）贴片元件布局时应注意焊盘方向尽量一致，以方便焊接。
14）去耦电容应在电源输入端就近放置。
15）根据结构图设置板框尺寸，按结构要素布置安装孔、接插件等需要定位的器件，并给这些器件赋予不可移动属性。按照工艺设计规范的要求进行尺寸标注。
16）根据结构图和生产加工时所需的夹持边设置印制板的禁止布线区、禁止布局区域。根据某些元件的特殊要求，设置禁止布线区。
17）综合考虑 PCB 性能和加工的效率，选择加工流程。加工工艺的优先选择顺序为：元件面单面贴装——元件面贴、插混装（元件面插装焊接面贴装一次波峰成型）——双面贴装——元件面贴插混装、焊接面贴装。
18）同类型插装元器件在 X 或 Y 方向上应朝一个方向放置。同一种类型的有极性分立元件的，也要极力保持在 X 或 Y 方向上一致，以便生产和检验。
19）发热元件一般要均匀分布，以利于单板和整机的散热。除温度检测元件以外的温度敏感器件应远离发热量大的元器件。
20）元器件的排列要便于调试和维修，即小元件周围不能放置大元件，需调试的元器件周围要有足够的空间。
21）需用波峰焊工艺生产的单板，其紧固件安装孔和定位孔都应为非金属化孔。当安装孔需要接地时，应采用分布接地小孔的方式与地平面连接。
22）焊接面的贴装元件采用波峰焊生产工艺时，阻、容件轴向要与波峰焊传送方向垂直，排阻及 SOP（PIN 间距大于等于 50mil）元器件轴向与传送方向平行；PIN 间距小鱼

50mil 的 IC、SOJ、PLCC、QFP 等有源元件避免用波峰焊焊接。

23）BGA 与相邻元件的距离大于 5mm。其他贴片元件相互间的距离大于 0.7mm，如贴装元件焊盘的外侧与相邻插装元件的外侧距离大于 2mm，有压接件的 PCB，压接的接插件周围 5mm 内不能有插装元器件。

24）IC 去耦电容的布局要尽量靠近 IC 的电源引脚，并使之与电源和地之间形成的回路最短。

25）元件布局时，应适当考虑使用同一种电源的器件尽量放在一起，以便于将来的电源分割。

26）用于阻抗匹配目的的阻容器件的布局要根据其属性合理布置。串联匹配电阻的布局要靠近该信号的驱动端，距离一般不超过 500mil。匹配电阻、电容的布局一定要分清信号的源端与终端，对于多负载的终端匹配一定要在信号的最远端匹配。

27）布局完成后所有器件必须放置在 PCB 内。然后打印出装配图供原理图设计者检查器件封装的正确性，并且确认单板、背板和接插件的信号对应关系，经确认无误后可以开始布线。

9.2.2 布局操作的基本原则

布局操作的基本原则应遵照"先大后小、先难后易"的布置原则，即重要的单元电路、核心元器件应当优先布局。

1）布局中应参考原理框图，根据单板的主信号流向规律安排主要元器件。

2）布局应尽量满足以下要求：总的连线尽可能短，关键信号线最短；高电压、大电流信号与小电流、低电压的弱信号完全分开；模拟信号与数字信号分开；高频信号与低频信号分开；高频元器件的间隔要充分。

3）相同结构电路部分，尽可能采用"对称式"标准布局。

4）按照均匀分布、重心平衡、版面美观的标准优化布局。

5）器件布局栅格的设置，一般 IC 器件布局时，栅格应为 50～100mil，小型表面安装器件，如表面贴元件布局时，栅格设置应不少于 25mil。

9.2.3 布线的注意事项

布局结束并且无误后就可以开始布线。

1. 布线层设置规范

在高速数字电路设计中，电源与地层应尽量靠在一起，中间不安排布线。所有布线层都尽量靠近平面层，优选地平面为走线隔离层。

为了减少层间信号的电磁干扰，相邻布线层的信号线走向应取垂直方向。

可以根据需要设计 1～2 个阻抗控制层，如果需要更多的阻抗控制层就需要与 PCB 厂家协商。

阻抗控制层要按要求标注清楚。将单板上有阻抗控制要求的网络布线分布在阻抗控制层上。

2. 线宽和线间距的设置

1）单板的密度。板的密度越高，倾向于使用更细的线宽和更窄的间隙。

2）信号的电流强度。当信号的平均电流较大时，应考虑布线宽度所能承载的最大电流。PCB 设计时，信号电流与铜箔厚度和走线宽度的关系如表 9-1 所示。

表 9-1 信号电流与铜箔厚度和走线宽度的关系

宽度/mm \ 厚度/μm \ 电流/A	35	50	70
0.15	0.20	0.50	0.70
0.20	0.55	0.70	0.90
0.30	0.80	1.10	1.30
0.40	1.10	1.35	1.70
0.50	1.35	1.70	2.00
0.60	1.60	1.90	2.30
0.80	2.00	2.40	2.80
1.00	2.30	2.60	3.20
1.20	2.70	3.00	3.60
1.50	3.20	3.50	4.20
2.00	4.00	4.30	5.10
2.50	4.50	5.10	6.00

注：1）用铜皮作导线通过大电流时，铜箔宽度的载流量应参考表中的数值降额 50% 来考虑。2）在 PCB 设计加工中，常用 OZ（盎司）作为铜皮厚度的单位。1 OZ 铜厚的定义为 1 平方英尺面积内铜箔的重量为 1CZ，对应的物理厚度为 35μm，2 OZ 铜厚为 70μm。

3）可靠性要求。可靠性要求高的场合下，需要使用较宽的布线和较大的间距。
4）PCB 加工技术限制：在国内推荐使用的最小线宽和间距均为 6mil，国际均为 4mil。

3．布线设计原则

1）导线应避免锐角、直角，采用与走线方向偏 45°走线最佳。
2）相邻层信号线设置为正交方向。
3）高频信号尽可能短。
4）输入、输出信号尽量避免相邻平行走线，最好在线间加地线，以防反馈耦合。
5）双面板电源线、地线的走向最好与数据流向一致，以增强抗噪声能力。
6）数字地、模拟地要分开，对低频电路，地应尽量采用单点并联接地；高频电路宜采用多点串联接地。对于数字电路，地线应闭合成环路，以提高抗噪声能力。
7）对于时钟线和高频信号线要根据其特性阻抗要求考虑线宽，做到阻抗匹配。
8）整块线路板布线、打孔要均匀，避免出现明显的疏密不均的情况。当印制板的外层信号有大片空白区域时，应加辅助线使板面金属线分布基本平衡。

9.3 层设计

层设计：根据单板的电源地的种类、信号密度、板级工作频率、有特殊布线要求的信号数量以及综合单板的性能指标要求与成本承受能力，确定单板的层数。

1. 电源层和地层

单板电源的层数主要由其种类数量决定的。对于单一电源供电的 PCB，一个电源平面足够了；对于多种电源，若互不交错，可考虑采取电源层分割（尽量保证相邻层的关键信号布线不跨分割区）；对于电源互相交错的单板，考虑采用两个或以上的电源平面。

对于平面层的设置需满足以下条件。

对不同的电源和地层进行分隔，其分隔宽度要考虑不同电源之间的电位差，电位差大于 12V 时，分隔宽度为 50mil，反之，可选 20~25mil。

平面分隔要考虑高速信号回流路径的完整性，相邻层的关键信号不跨分割区。

当高速信号的回流路径遭到破坏时，应当在其他布线层给予补偿。例如可用接地的铜箔将该信号网络包围，以提供信号的地回路。

注意电源与地线层的完整性。对于导通孔密集的区域，要注意避免孔在电源和地层的挖空区域相互连接，形成对平面层的分割，从而破坏平面层的完整性，并进而导致信号线在地层的回路面积增大。

不同电源层在空间上要避免重叠。主要是为了减少不同电源之间的干扰，特别是一些电压相差很大的电源之间，电源平面的重叠问题一定要设法避免，难以避免时可考虑中间隔地层。

3W 规则：为了减少线间串扰，应保证线间距足够大，当线中心间距不少于 3W（3 倍线）宽时，则可保持 70%的电场不互相干扰。如果要达到 98%达到电场不互相干扰，可使用 10W 的间距。

20H 规则：由于电源层与地层之间的电场是变化的，在板的边缘会向外辐射电磁干扰。称为边沿效应。解决的办法是将电源层内缩，使得电场只在接地层的范围内传导。以一个 H（电源和地之间的介质厚度）为单位，若内缩 20H 则可以将 70%的电场限制在接地层边沿内；内缩 100H 则可以将 98%的电场限制在内。

5-5 规则：印制板层数选择规则，即时钟频率到 5MHz 或脉冲上升时间小于 5ns，则 PCB 须采用多层板。如果因为成本问题而采用双层板结构时，最好将印制板的一面作为一个完整的地平面层。

地的层数除满足平面层的要求外，还要考虑：与器件面相邻层有相对完整的地平面；高频、高速、时钟等关键信号有一相邻地平面；关键电源有一对应地平面相邻。

2. 信号层

信号的层数主要由关键信号网络和局部高密度走线决定的。EDA 软件能提供布局、布线密度参数报告，由此参数可对信号所需的层数有一个大致的判断，根据以上参数再结合板级工作频率、有特殊布线要求的信号数量以及单板的性能指标要求与成本承受能力，最后确定单板的信号层数。在确定信号的层数时，需考虑关键信号网络（强辐射网络以及易受干扰的小、弱信号）的屏蔽或隔离措施。

3. 多层 PCB 层排布的一般原则

器件面下面（第二层）为地平面，提供器件屏蔽层以及为器件面布线提供参考平面；所有信号层尽可能与地平面相邻；尽量避免两信号层直接相邻；主电源尽可能与其对应地相邻；原则上应该采用对称结构设计。对称的含义包括：介质层厚度及种类、铜箔厚度、图形分布类型（大铜箔层、线路层）的对称。

4．单板的层排布推荐方案

在具体 PCB 层设置时，要对以上原则进行灵活掌握，根据实际单板的需求，确定层的排布，切忌生搬硬套。表 9-2 给出常见单板的层排布推荐方案，供参考。

表 9-2 常见单板的层排布

总 层 数		4	6	6	8	8	10	10	12	12
分层数	电源层数	1	1	1	1	2	2	2	1	2
	地层数	1	2	1	3	2	3	3	5	4
	信号层数	2	3	4	4	4	5	6	6	6
各层分布设置	1	S1	S1	S1	S1	S1	S1	S1	S1	S1
	2	G1	G1	G1	G1	G1	G1	G1	G1	G1
	3	P1	S2	S2	S2	S2	S2	S2	S2	S2
	4	S2	P1	S3	G2	P1	P1	S3	G2	G2
	5		G2	P1	P1	G2	S3	G2	S3	S3
	6		S3	S4	S3	S3	G2	P1	G3	P1
	7				G3	P2	P2	S4	P1	G3
	8				S4	S4	S4	S5	S4	S4
	9						G3	G3	G4	P2
	10						S5	S6	S5	S5
	11								G5	G4
	12								S6	S6

注：表中 S、G、P 分别代表信号层、地层和电源层，用不同的序号加以区分相同信号的不同层。

在层设置时，若有相邻布线层，可通过增大相邻布线层的间距，来降低层间串扰。对于跨分割的情况，确保关键信号必须有相对完整的参考地平面或提供必要的桥接措施。

第10章 电路设计实例2：12层板电路设计

10.1 实例简介

基于FPGA的DDR3电路板接口较多，需要庞大数量的导线连接，单层板或双层板远远无法满足这一复杂度，且电路所需电源电压种类较多，所以需要10层以上的电路板，这在工程一线上是比较常见的层数。本章所述内容与硬件电路接线原理无关，只涉及根据电路图制板内容。

10.2 元器件封装库的设计和使用

本章使用的电路是FPGA核心板，器件包括：TPS7A7002（具有使能端的极低输入、极低电压降的3A稳压器）、XC6SLX45-2CSG324I（Xilinx公司的FPGA芯片）、DDR3（内存芯片）、TPS51200（专为内存芯片设计的稳压器）、SI530（晶体振荡器，范围：10MHz～1.4GHz）、TPS380（可编程延迟监控电路）、N25Q128A13ESE40E（闪存）、88E1111（以太网收发器）、电阻、电容。这些元器件大部分都是贴片元器件，且为了不打穿电路板，本章设计中采用的电阻和电容均采用贴片元件。

因为电路比较复杂，所以用多张原理图文件来拼接实现。

10.2.1 导入FPGA封装库

Altium Designer 10.0软件提供了FPGA芯片的元器件封装集成库，可以在路径C:\Users\Public\Documents\Altium\AD10.0.0.20340\Library\Xilinx中找到所用的FPGA芯片。本章所用芯片集成库为Xilinx Spartan-6.IntLib。

如图10-1所示，为FPGA芯片的集成库。点开型号为XC6SLX45-2CSG324I的芯片，可以发现内部还有Part A～Part H共8个部分，这8个部分组成完整的FPGA芯片，缺一不可。图10-2为FPGA芯片部分的芯片原理图，其中图10-2a为Part A和Part B两个部分，图10-2b为Part C和Part D两个部分，图10-2c为Part E、Part F、Part G和Part H四个部分。根据电路需求将各个端口连线。

图10-1　FPGA芯片集成库

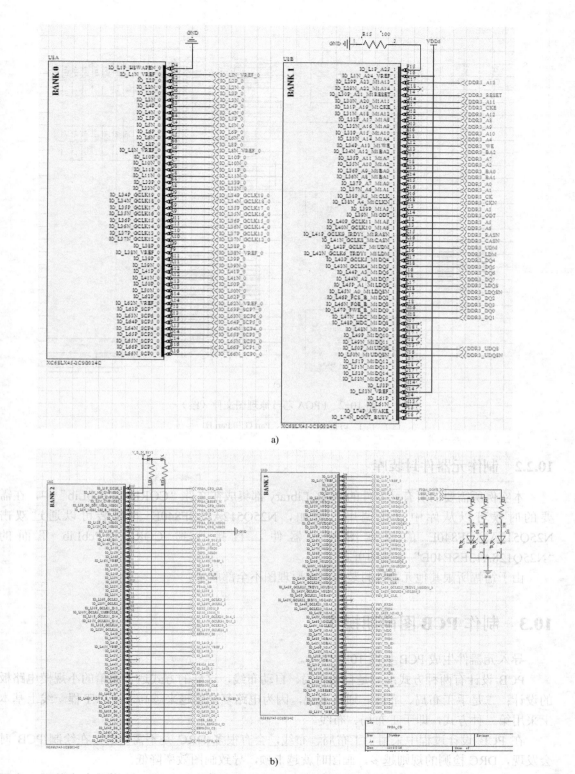

图 10-2　FPGA 芯片原理图文件
a) Part A 和 Part B　b) Part C 和 Part D

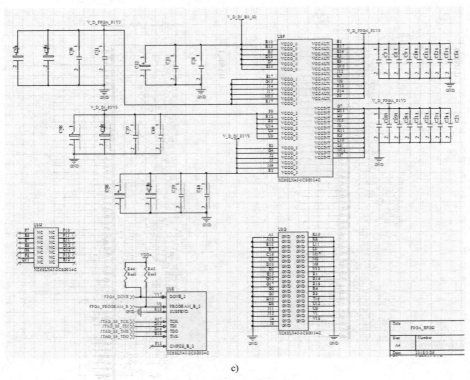

c)

图 10-2　FPGA 芯片原理图文件（续）

c) Part E、Part F、Part G 和 Part H

10.2.2　制作元器件封装库

本实例所需要的所有元器件的 PCB Library 都集成在文件"CORE-12.PcbLib"中，在需要的时候可以从库中直接调用。例如，N25Q512A13GF840E 的封装可以通过双击 N25Q512A13GF840E 的原理图的元器件，直接找到 CORE-12.PcbLib 里面的"N25Q128A13ESE40E"安装即可。

由于篇幅所限其他元器件封装和电路原理图不全部展示。

10.3　制作 PCB 图前期操作

导入元器件生成 PCB 如图 10-3 所示。

PCB 设计有两种方式：一是自动布局、自动布线，这样的方式适合简单的小规模电路板的设计；二是手工布局、布线。通常来说，因为电路复杂度越来越高，所以工程一线上基本上采用第二种方式，即手工布局、布线。

在 PCB 设计过程中采用手工布局、布线，会有很多 DRC 是不需要的。在绘制 PCB 时会发现，DRC 检测的规则越多，画图时就越卡顿，导致画图效率降低。

在布局过程中，可以将丝印层文字缩小并置于元器件中间位置，这样看上去美观，也不会对最后的成板有影响。删去元器件的红色区域框。在 PCB 文件上选择任意一个丝印层符号，右键单击，选择"Find Similar Objects"。弹出对话框，如图10-4所示。将图10-5中被圈选的"Any"改成"Same"，再单击【OK】按钮，此时所有丝印层符号都被选中。按照弹出的图10-6所示的对话框中设置，然后单击右上角的关闭按钮。

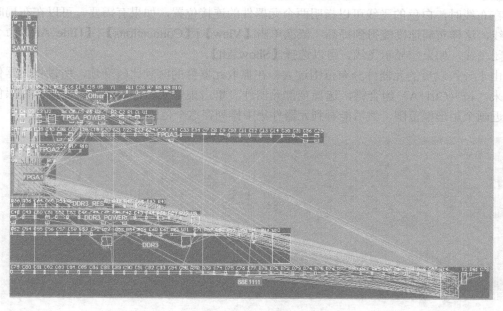

图 10-3　初步生成的 PCB 图

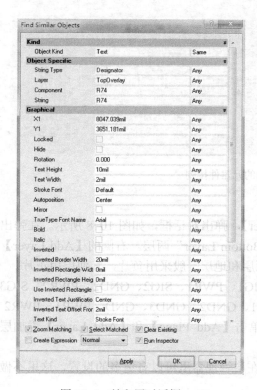

图 10-4　丝印层对话框

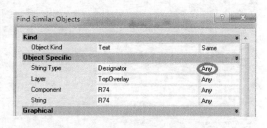

图 10-5　将"Any"改成"Same"

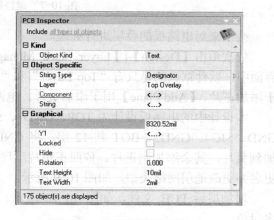

图 10-6　调整丝印层文字的大小

按〈Ctrl+A〉组合键，选择全部元器件。在选中的元器件上面单击鼠标右键，依次单击【Align】|【Position Component Text】，在对话框中选择中间位置，关闭后，丝印层符号都在中间位置。

在布线时，白色的飞线可以指明两个元器件的连接位置，如果有需要，可以在布局时关闭飞线，这样布局速度能得到提高。依次单击【View】|【Connections】|【Hide All】命令可以关闭飞线，如果想显示飞线，可以选择【Show All】。

由于导入以后的元器件分布范围过大，在抓取元器件的时候比较麻烦，所以将元器件集中起来。按〈Ctrl+A〉组合键，选择全部元器件。单击集中元器件的按钮。用鼠标在黑色区域附近画个矩形框范围，然后能看到元器件集中排列在这个范围内，如图10-7所示。

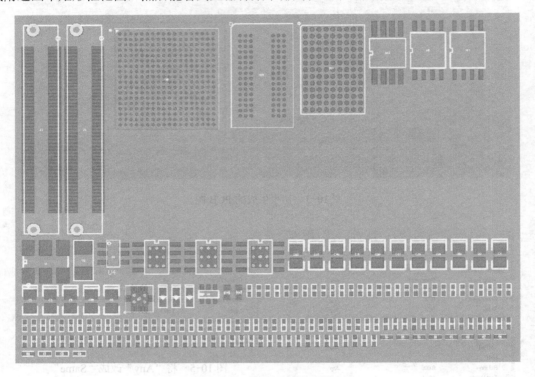

图10-7 调整后的元器件排列

接下来对电路板的叠层进行处理。

依次单击【Design】|【Layer Stack Manager】，弹出对话框，如图10-8所示。在弹出的界面中，软件默认的是只有"Top Layer"和"Bottom Layer"两层。右侧的【Add Layer】用于添加正片，【Add Plane】用于添加负片，电源层和地层一般采用负片，其他层用正片。

本设计中的电路板设计为TOP、GND1、SIG1、PWR1、SIG2、GND2、PWR2、SIG3、GND、SIG4、GND3、BOT共12层，将GND1、GND2、GND3、GND、PWR1、PWR2添加到负片，其余添加到正片。依照正负片顺序单击【Add Plane】和【Add Layer】添加层，更名并更改地层网络类型，如图10-9所示。

增加层后PCB文件，如图10-10所示。在层管理器里可以有更多的设置，这里不做过多讨论。

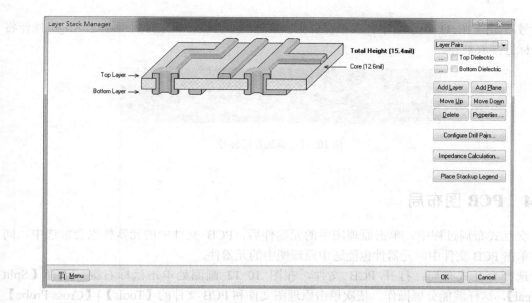

图 10-8 Layer Stack Manager 界面图

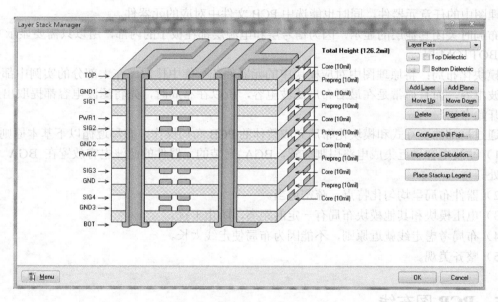

图 10-9 添加层后更名并更改网络类型

图 10-10 增加层后在下方显示更多颜色所代表的层

为了在画图过程中能明确区别层,这里将每一层加上标号。选择 TOP 层,依次单击【Place】|【String】命令,将文本改成 TOP,然后放置在黑色区域上方。放置好后按一下键盘上的【Tab】键,更改文本为 GND1,然后将 Layer 选项改为 GND1。依次放置好全部 12

个标号后如图 10-11 所示。字体大小可以在参数选项中调整，调整好后可通过 Align 操作将这些标号排放整齐。

图 10-11 添加各层标号

10.4 PCB 图布局

交互式布局过程中，单击原理图中的元器件后，PCB 文件中的元器件也会被选中，同样，单击 PCB 文件中的元器件也能选中原理图中的元器件。

选择交互式布局：打开 PCB 文件，在图 10-12 画圈处单击鼠标右键，选择【Split Vertical】，这样就能分屏操作。依次单击原理图文件和 PCB 文件的【Tools】|【Cross Probe】命令，能看到原理图文件和 PCB 文件中的"Cross Probe"前面的图标都出现了阴影。此时单击原理图中的任意元器件，同时也能选中 PCB 文件中对应的元器件。

布局时关闭其他层的显示，因为信号层和电源层都在板子的内部，所以只需要显示 TOP 层和 BOTTOM 层。

模块化布局：将原理图中对应模块中的元器件统一集中排放。在大部分的实例中都会涉及滤波电容，而且通常是在最后布局滤波电容，所以在布局时，先将滤波电容都提取出来，然后开始布局。

通过局部的交互式和模块化布局完成整体的 PCB 布局操作，布局遵循以下基本原则。

1）滤波电容靠近集成电路引脚放置，BGA 封装的元器件的滤波电容放置在 BGA 背面引脚处。

2）器件布局呈均匀化特点，疏密适当。

3）电压模块和其他模块布局有一定的距离，防止干扰。

4）布局考虑走线就近原则，不能因为布局使走线太长。

5）整齐美观。

10.5 PCB 图布线

布线是电路板设计中最重要和最耗时的环节，在复杂电路板的情况下，自动布线无法满足条件，所以本实例中仍然采用手工布线方式。布线应该大体上遵循以下基本原则。

1）按照阻抗要求进行走线，单端 50Ω，差分 100Ω，USB 差分 90Ω。

2）满足 3W 原则（线与线之间的距离保持 3 倍线宽），有效防止串扰。

3）电源和 GND 进行加粗处理，满足载流要求。

4）晶振表层走线不能经过过孔，高速线打孔换层处尽量增加回流地过孔。

5）电源和其他信号线间留有一定的间距，防止纹波干扰。

10.6 收尾

在布线开始时要对板子扇孔，原则上要在按照顺时针或逆时针方向上分模块扇孔。在扇孔的过程中可以直接将距离短的器件连接好，这样可以节省很多后期的工作时间。

在布线的时候，尽量保持工作的连续性，保持思路清晰。

最终绘制的 12 层 PCB 图，如图 10-12 所示。

图 10-12　12 层 PCB 版图

第 11 章 电源和地

11.1 电源和地的处理方法

电源和地的设计常常影响着 PCB 的性能，如电源稳定性和地噪声的出现都是设计不良的表现。在一般情况下，PCB 采用多层板设计（4 层板及以上），尤其是高速 PCB 受到的影响更大。电源和地除了用于供电外，还是信号层的参考电源、参考地和回流通道。此时，电源和地的噪声将影响信号层的信号传递。所以，需要保证电源和地不仅具有稳定性，而且在高速电路中还有高度的可靠性。

11.1.1 电源和地的作用

在数字系统设计过程中要考虑电源和地的作用，内容如下。
1）提供稳定、可靠的参考电压。
2）提供电源，且与传输距离无关。
3）防止信号间的串扰，包括高频和电磁干扰。

11.1.2 注意事项

高速 PCB 的电源设计首先要理清电源树，分析电源通道合理性。
1）PCB 在布线时需要考虑适当的布线宽度，一般情况下设置宽度为 1cm，这样能满足大部分电源电流的通过要求。但是由于电路越来越密集，这样的要求很难达到。
2）PCB 布线通常使用铜皮，导线上的电阻使电源到负载之间存在压降。在电路设计中，很多器件的电压都比较低，所以导线上的电阻直接影响到器件的电源工作状态。
3）布线的载流能力与线宽、导线（铜）厚度密切相关。
4）在设计电源时需要考虑滤波，而电源的阻抗严重影响其性能。高速电路在门电路翻转的瞬间需要电源供给，而电流从电源模块给各个门电路翻转提供能量，是需要时间进行各级路径分配的，这可理解为一个分级充电的过程。

11.1.3 基本功能

1）提高稳定、可靠的参考电源。
2）为 PCB 上的元器件均匀地分配电源。
3）在数字电路电平翻转过程中需要有稳定的电源。

11.1.4 载流能力

电源和地是吸收大电流的重要集散地,是设计的重点。在 PCB 设计过程中,设计者往往要先考虑到电源和地的载流能力。

电源和地的布线比普通的信号线的设计标准要严格,在高速 PCB 设计过程中,往往会有很大的瞬时电流,这部分瞬时电流需要被考虑在内,设计时要严格计算瞬时电流的高阈值。另外,伴随着瞬时电流的产生,器件的散热问题也需要处理。

载流能力与很多因素有关,其中的几个关键因素有线宽、铜厚、温升、层面。

PCB 走线越宽,载流能力越大。但是,假设在同等条件下,10mil 的走线能承受 1A 电流,那么 50mil 的走线不一定能承受 5A 电流。载流能力要结合着覆铜厚度来讨论,如表 11-1 所示为载流能力与线宽和敷铜厚度的关系。

表 11-1 PCB 的线宽、敷铜厚度与通过电流的对应关系

铜厚 1 oz（0.035mm）		铜厚 1.5 oz（0.05mm）		铜厚 2 oz（0.07mm）	
宽度/mm	电流/A	宽度/mm	电流/A	宽度/mm	电流/A
0.15	0.2	0.15	0.5	0.15	0.7
0.2	0.55	0.2	0.7	0.2	0.9
0.3	0.8	0.3	1.1	0.3	1.3
0.4	1.1	0.4	1.35	0.4	1.7
0.5	1.35	0.5	1.7	0.5	2
0.6	1.6	0.6	1.9	0.6	2.3
0.8	2	0.8	2.4	0.8	2.8
1	2.3	1	2.6	1	3.2
1.2	2.7	1.2	3	1.2	3.6
1.5	3.2	1.5	3.5	1.5	4.2
2	4	2	4.3	2	5.1
2.5	4.5	2.5	5.1	2.5	6

在考虑载流能力时,同时涉及之前的走线问题。Altium Designer 软件提供的走线角度包括 0° 直铺、45° 和 90°。因为工艺上的铜皮脱落等问题,一般情况下引导学生不选择 90° 角,再一个就是 45° 的走线更加美观。在设计 PCB 过程中,布线要考虑散热问题,还有载流能力。

在 PCB 设计过程中有一个矛盾的地方,即散热。由于电子元器件在工作过程中会产生大量的热量,在信号功率较小的情况下可以考虑 45° 角,如果给大功率器件布线,就需要直铺。

对于线宽,还应该考虑布线距离。如果布线距离较长,就需要再加宽度裕量,免得布线烧毁或熔断。

电源和地线的温度升高时,会影响 PCB 的整体温度,在设计的时候需要考虑最大允许的温度范围,包括高温和低温。

在多层板中,内层电源和外层电源的布线需要考虑载流能力,在通常情况下,在设计外

层电源时，要再次加大载流能力。

11.1.5 电源分布

电源分布是设计 PCB 时考虑的另一个点。在电路设计中，往往需要多种电源支持电路的运行。

电源的分布设计需要遵循以下原则。
1）电源按照功能模块划分。
2）避免不同功能模块相互交叉。
3）电源和地的布线满足宽度和覆铜厚度的要求。

11.1.6 滤波电容

电源输入端必须加滤波电容，主要是为了以下几点。
1）电源提供的电压和电流来源于交流电，经转换过后变成直流电。但是，这里的直流电并非是平滑的直流电流，而是呈周期性变化的波动，只不过幅值较小。在电路中加滤波电容后，这一部分波动电流就可以通过电容的充放电作用来抵消。
2）滤除电路中的杂声电压。
3）提高电路的瞬间载流能力。

在高速应用场合下，电源芯片附近的滤波电容还有如下要求。
1）在电源芯片附近均匀放置几个容量较大的电容。
2）在电源芯片放置滤波电容。
3）滤波电容距离芯片的电源引脚不要太远，数量以 6 个为宜。
4）有些芯片需要考虑滤波电容的容值大小，不能盲目放置，建议事先用软件仿真一下。

11.1.7 阻抗

在电路中认为导线的电阻为零，实际上在越来越精密的 PCB 上，导线的阻抗已经不能忽略。在设计的过程中，尤其是对电压有要求的地方，要充分考虑到阻抗对电压降的影响。

另外，电源层和地层的阻抗也需要单独设计，通常要满足以下几个条件。
1）在层设置的时候要将电源层和地层贴近放置。
2）在电路布线时，如果 PCB 裕量足够，可以尽可能加宽布线。
3）原则上将电源层置于地层下方。

11.1.8 其他注意事项

1）在多层板的使用中，电源层和地层通常会分区域使用，这些区域也要满足载流能力的要求。首先，区域划分要合理，避免凸出部分过窄。其次，分割线的宽度在满足电路设计的工艺要求下，尽量加宽。
2）遵守 20H 准则（即确保电源平面的边缘要比 0V 平面的边缘至少缩入两个平面间层距的 20 倍）。
3）分割电源层时，不要让相邻的两个区域的电压差过大。如果无法避免，那么就将两个区域的距离加大。

11.2 分割电源层和地层

将电源层和地层分割成不同的区域，可以最大化利用层资源，避免过多的层浪费。例如，电路中两个不同的芯片需要 3.3V 和 1.8V 正电源，这时不需要设置两个电源层，只需要一个电源层就可以，即进行区域划分，在同一个电源层上划分两个区域，分别接通 3.3V 和 1.8V 电源。

层设置中可以选择正片和负片，在一般情况下，它们的功能是相同的。不过随着 PCB 电路设计越来越复杂，在板子尺寸和密度都加大的情况下，正片已经越来越难以实现，所以建议使用负片作为电源层和地层。

11.3 正片的应用

正片是设计者最喜欢使用的层设置，在以下几种情况下，可以使用正片。
1）小型 IC 占地面积小，可以使用正片。
2）电流强度弱的走线可以采用正片。
3）电源附近连接电容等可以采用正片。

第12章 PCB的制作及加工工艺

PCB是承载元器件的载体,市面上的手机、计算机等电子产品主板都属于PCB。PCB本身是在一层或多层绝缘基板上面进行加工,在板的表面绘制导电图形(多层板需要内部布线图形),并且施加工艺手段形成孔(如元件孔、紧固孔、金属化孔等)使板的各层导线相连,最后实现将元器件之间相互连接。本章旨在说明在普通实验室阶段的PCB制作工艺流程。

12.1 PCB的制作流程

PCB的制作流程图如图12-1所示。下面对整个流程进行详细介绍。

图12-1 PCB的制作流程

(1)打印电路板

PCB的制作需要用转印机。实验室使用的转印机多为单面板PCB工艺,如果想制作双面板及多面板,需要将图纸提供给PCB加工工厂制作。针对单面板工艺,需要严格按照1:1的大小比例打印。

将转印纸放在打印机中,然后将绘制好的图纸对照工艺参数核对无误后打印出来,注意表面光滑的那面转印纸面向自己。在打印时要拉紧转印纸,防止印制导线失败。

(2)切割PCB

建议在电路板转印之前就把PCB的大小切割完好,以免转印后由于切割使PCB局部弯曲而损坏电路结构,造成缺陷。

为了提高转印成功率,可以用细砂纸打磨,以去除表面铜氧化层,从而保证热转印纸上的绝缘碳粉能牢固地印在PCB上。

(3)转印PCB

将打印好的PCB贴上转印纸,注意将印有电路图的一面与PCB贴在一起。在转印过程中需要牢牢把握住转印纸和PCB的相对位置,不可发生相对移动。在使用转印机转印时需要预先预热,切忌用手触碰,以免烫伤。

（4）转印后处理

PCB 转印后需要检查电路完整性，如果有断线的情况，可以使用黑色油性笔描绘修补。

（5）腐蚀 PCB

将 PCB 浸入腐蚀液中去铜。此时，PCB 上所有裸露的铜都会被去除掉，只剩下被碳粉覆盖的线路下的铜没有被腐蚀。常用的腐蚀液的成分为浓盐酸、浓过氧化氢、水，比例为 1:2:3。在配制腐蚀液时，先放水，再加浓盐酸、浓过氧化氢。若操作时浓盐酸、浓过氧化氢或腐蚀液不小心溅到皮肤或衣物上，要及时用抹布擦拭。由于要使用强腐蚀性溶液，操作时一定要注意安全。

（6）打孔

在 PCB 上打孔需要使用打孔机。实验室所用打孔机的针孔直径为 0.8mm，所以为了适应工艺参数，在设计的时候就需要将元器件焊盘孔径设置为 0.8mm 左右。如果有特殊元器件的焊盘孔径不同，则需要更换针孔。

在钻孔过程中，切忌手抖，下针要果断迅速，也不能太快，以免扎错位置。设计中钻孔孔径规格不要用得太多，应适当选用几种常用规格。

（7）PCB 后处理

在钻孔过后，需要用细砂纸将覆盖在铜线上的碳粉打磨掉，用力适中，不要将内部铜线抹除。在焊接电子元器件前后，可以适当使用阻焊层等工艺手段协助制作 PCB。

12.2 PCB 的加工工艺

PCB 生产加工涉及多项参数，需要协调考虑。

市面上的 PCB 板材多种多样，在实验室阶段根据工艺选用。在涉及高性能产品的设计制造时需要考虑材料的玻璃转化温度、热膨胀系数、热传导性、介电常数、表面电阻率、吸湿性等因素。PCB 允许变形弯曲量应小于 0.5%，即在长为 100mm 的 PCB 范围内，最大变形量不超过 0.5mm。

双面板也经常被使用，只不过在制作的时候需要重复转印工作。一般双面板厚度为 1.5mm，铜箔厚度为 18μm 或 35μm。

在制成 PCB 后，需要将 PCB 引入记号，记号使用丝印层绘制，多为生产厂家名称、出厂代码等。在实验室阶段可以使用个人姓名、编号或者具有代表性的说明语句，记号可以使用黑色油性笔描写。注意丝印层或黑色油性笔不要被元器件遮盖。

附 录

附录 A 期末考试模拟习题

A.1 元器件封装设计题

A.1.1 ADC0809 封装

按照附图 A-1 所示尺寸，制作模数转换器 ADC0809 封装的集成库。

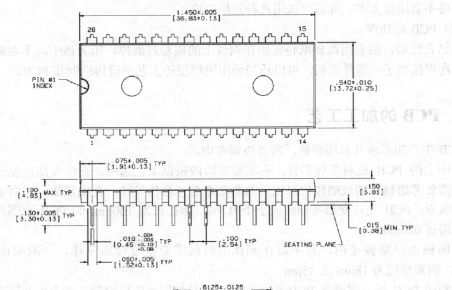

附图 A-1 ADC0809 封装尺寸图

A.1.2 DS18B20 封装

按照文件"DS18B20 Datasheet.pdf"所示实物图，制作温度传感器 DS18B20 封装的集成库。

A.1.3 SOT-23 封装

按照附图 A-2 所示尺寸，制作 SOT-23 封装的集成库。

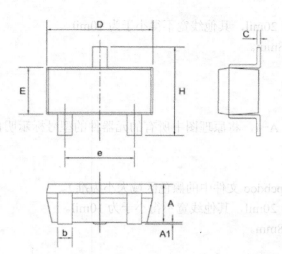

附图 A-2 SOT-23 封装

A.2 PCB 电路设计题

A.2.1 循环计数电路

1）电路原理图设计内容：绘制附图 A-3，将原理图中所有的元器件的型号标示明白，参数默认即可。

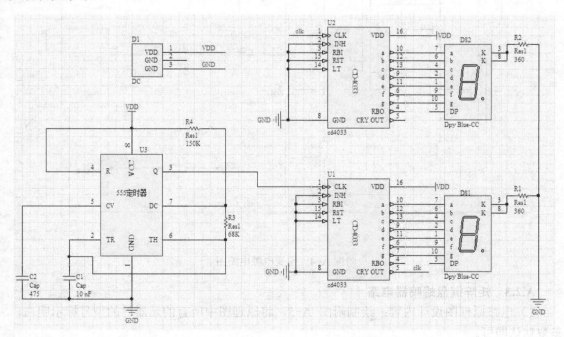

附图 A-3 循环计数电路图

2）PCB 版图设计要求如下。

① PCB 面积为 100mm×100mm（以.pcbdoc 文件中的黑色区域大小为准）。

205

② 电源线宽度为 50mil，地线宽度为 20mil，其他线宽不得小于为 10mil。

③ 焊盘直径为 2mm，焊盘孔径为 0.8mm。

④ 禁止自动布局、自动布线。

⑤ 过孔少于 10 个，需要滴泪、敷铜。

A.2.2 逆变电源电路

1）电路原理图设计内容：绘制附图 A-4，将原理图中所有的元器件的型号标示明白，参数默认即可。

2）PCB 版图设计要求如下。

① PCB 面积为 100mm×100mm（以.pcbdoc 文件中的黑色区域大小为准）。

② 电源线宽度为 50mil，地线宽度为 20mil，其他线宽不得小于为 10mil。

③ 焊盘直径为 2mm，焊盘孔径为 0.8mm。

④ 禁止自动布局、自动布线。

⑤ 过孔少于 10 个，需要滴泪、敷铜。

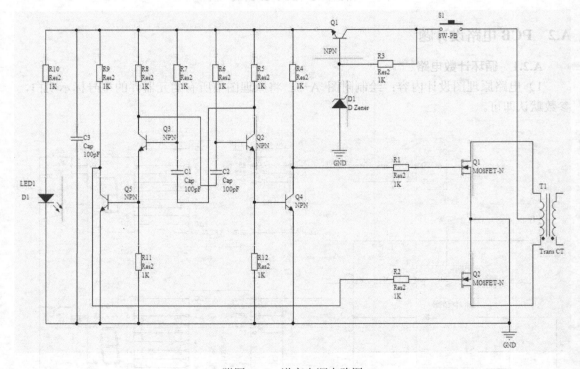

附图 A-4 逆变电源电路图

A.2.3 矩阵键盘蜂鸣器电路

1）电路原理图设计内容：绘制附图 A-5，将原理图中所有的元器件的型号标示明白，参数默认即可。

2）PCB 版图设计要求如下。

① PCB 面积为 100mm×100mm（以.pcbdoc 文件中的黑色区域大小为准）。

② 电源线宽度为 50mil，地线宽度为 20mil，其他线宽不得小于为 10mil。

③ 焊盘直径为 2mm，焊盘孔径为 0.8mm。
④ 禁止自动布局、自动布线。
⑤ 过孔少于 10 个，需要滴泪、敷铜。

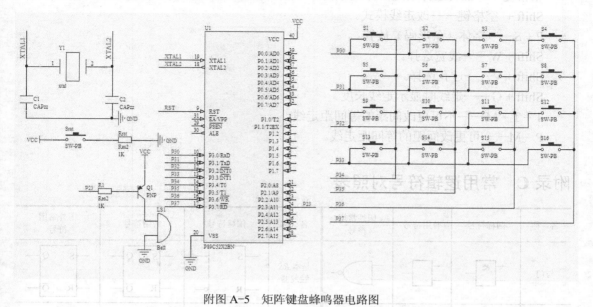

附图 A-5　矩阵键盘蜂鸣器电路图

附录 B　常用快捷键

Altium Designer 软件自带很多组合快捷键，这些系统的组合快捷键都是依据菜单的下滑字母组合起来的，如附图 B-1 所示快捷键"PW"为走线的放置。

平时多操作这些快捷的组合方式，有利于 PCB 设计效率的提高。

L——打开层设置开关选项（器件移动状态下，按下 L 换层）。

S——打开选择：S+L（线选）、S+I（框选）。

J——跳转，如：J+C（跳转到器件）、J+N（跳转到网络）。

附图 B-1　2D 线的放置

Q——英寸和毫米切换。

Delete——删除已经被选择的对象，E+D 点选删除。

放大缩小——按抓鼠标中键向前后推动、Page up、Page down 等。

切换层——小键盘上的"+""-"、点选下面层选项。

A+T——向上对齐。

A+L——向左对齐。

A+R——向右对齐。

207

A + B——向下对齐。
Shift + S——单层显示与多层显示切换。
空格键——翻转选择某元器件或导线等其他元素，同时按下 Tab 键可以改变其属性。
Shift + 空格键——改走线模式。
P + S——字体（条形码）放置。
Shift + W——线宽选择。
Shift + V——过孔选择。
Shift + G——走线时显示走线长度。
T + T + M——不可更改间距的等间距走线。
P + M——可更改间距的等间距走线。

附录 C　常用逻辑符号对照表

名　称	国标符号	曾用符号	国外常用符号	名　称	国标符号	曾用符号	国外常用符号
与门	&			基本 RS 触发器	S R	S Q R Q̄	S Q R Q̄
或门	≥1	+		同步 RS 触发器	1S C1 1R	S Q CP R Q̄	S Q CK R Q̄
非门	1						
与非门	&			正边沿 D 触发器	S 1D C1 R	D Q CP Q̄	D S_D Q CK R_D Q̄
或非门	≥1	+					
异或门	=1	⊕		负边沿 JK 触发器	S 1J C1 1K R	J Q CP K Q̄	J S_D Q CK K R_D Q̄
同或门	=	⊙					
集电极开路与非门	&◇			全加器	Σ CI CO	FA	FA
三态门	1 EN			半加器	Σ CO	HA	HA
施密特与门	&⌷	⌷	⌷	传输门	TG	TG	
电阻	▭	⋀		极性电容或电解电容			

208

名　称	国标符号	曾用符号	国外常用符号	名　称	国标符号	曾用符号	国外常用符号
滑动电阻				电源			
二极管				双向二极管			
发光二极管				变压器			

参 考 文 献

[1] 周中孝，黄文涛，刘浚. PADS & Altium Designer 实战教程[M]. 北京：电子工业出版社，2014: 114-244.

[2] 谷树忠，姜航，李钰. Altium Designer 简明教程[M]. 北京：电子工业出版社，2014: 282-325.

[3] 鲁维佳，刘毅，潘玉恒. Altium Designer 6.x 电路设计实用教程[M]. 北京：北京邮电大学出版社，2014: 1-100.

[4] 吴均，王辉，周佳永. Cadence 印刷电路板设计——Allegro PCB Editor 设计指南[M]. 2 版. 北京：电子工业出版社，2015: 217-240.

[5] 李珩. Altium Designer 6 电路设计实例与技巧[M]. 北京：国防工业出版社，2008: 206-273.